U0177616

饮食调情

YIN SHI TIAO QING

杜杜 著

中国国际广播出版社

自序

六十年代中期是我心目中的香港流金岁月。那时候我在九龙华仁书院念中学，《中国学生周报》的社址就在学校对面。因利就便，我经常上去找当年的编辑罗卡和陆离，谈文说艺论电影。说《中国学生周报》是我的写作启蒙，一点也没有夸大其词。

学校方面，江老师教会了我英文文法的法度严谨和英国文学的多元趣味。蔡思果有一次和我说："现代人用中文写作，英文也要好。"蔡思果是翻译大家，又是散文高手，他的话自然有道理。这其中的道理不是在这里一下子能够说得清楚明白。只说其中一点：英文文法有它本身的逻辑，尤重主词和谓语之间的关系；我在写中文的时候也留意这一点，就能帮助把思路表达得有条不紊，让读者容易理解。法国作家热内（Jean Genet）的文笔意象华丽、思路迂回，但是他公然宣称他的写作老师是文法课本。有人说外语重文法，咱们的中文讲究的可是文气。你看中国诗中的主词，隐而不露。但是我说的是白话文。文章写得再诗情画意、天花龙凤，可是文法错乱，文气也就显得虚浮。先有了骨骼肯定的文法，文气才能有所依附、畅通愉快。所以法国诗人科克多（Jean Cocteau）说："先追求意思清晰明朗，诗境自然浮现。"换言之，写诗切忌刻意地诗情画意，那得到的效果肯定虚假做作。有人会反问：文学创作不是首重想象么？诗的语言尤其不能让所谓清通的中文所限制。你看毕加索画的人像两只眼睛一高一低，正面侧面同时呈现。他的理由是：你要看像真人的人像，看照片就可以了。可是你要知道，毕加索的素描功夫一流，写实的人像他绝对能胜任，但是不屑去画。这在他是"非不能也，实不为也"。先弄通了文法，再去为了达到你心目中的创作效果而打破文法，这是你的本事。可是如果根本就没有懂文法，写成的东西就显露了无知。

我在中学二年级写了一个短篇，描述街头小贩的幼儿因车祸丧生。教中文的马老师用朱笔批阅，说出好在什么地方，叫我看了大吃一惊。而我因此学会的一样东西是：要学会写作，先要学会阅读。人生苦短，时间有限，要看文学就要看最好的；看曹雪芹，看托尔斯泰，看狄更斯，看福楼拜。《石头记》《安娜·卡列尼娜》《双城记》《包法利夫人》，一本本地看了一遍又一遍，情节布局结构固然要弄清来龙去脉，用词造句更要再三去解构体味，连一个形容词为什么这样用也不放过，这样才能和作者心心相印，领会到他的用意用神，知道他的好处和特点。正是:"文章千古事,得失寸心知。"又正是:"外行的看热闹,内行的看功夫。"阅读切忌粗枝大叶,那永远只能站在门外,只看见一个轮廓,辜负了作者的苦心,而且自己也吸收不到人家的精髓精华。

这些都只是写作的最基本技巧功夫。写作还得表达作者的修养情操,这就得再回头说《中国学生周报》。通过《中国学生周报》,我认识了法国电影新浪潮、欧陆的哲学思想和文学艺术,而更重要的是,我遇到了陆离、石琪、西西、罗卡、也斯、小思、吴昊、吴平、戴天、杨凡、亦舒、金炳兴、胡菊人、古兆申等出色人物。他们的艺术修养、举止谈吐和品格脾性,对我起了潜移默化的作用。自 1965 年开始,我便学写影评,居然被罗卡录用,登在《中国学生周报》的电影版。其后又写了个短篇小说《小巷》,参选《周报》举办的初级小说征文比赛,结果入选,排名第九(同年高级组的第一名是西西的《玛利亚》)。那时候我经常和《周报》文友见面交谈,吃饭看戏,比同窗还要亲近。同学们一般只谈中英数理化会考,文友在一起谈的是伊力亚·卡赞、维斯康蒂、希区柯克、特吕弗和萨特。至于陆离和小思他们,师承钱穆、唐君毅,一方面保有传统文人的儒雅气质,一方面又向往西方艺术的新浪潮,自有独特的风格魅力。和他们相处,得益匪浅。

在香港大学依照自己的兴趣选读英国文学和比较文学,遇到非常好的教授如 Robin Kirkpatrick 和 Mary

Visick，带领我进入但丁和弥尔顿的史诗境界，又是另一番新的文学天地。但是对于他们描述的天堂地狱，并不陌生，因为自小接受爱尔兰耶稣会神父的教育，而自己的杂文散文总会不时流露一点天主教徒的思维逻辑在其中。

毕业后一直在教书，一边却做了半个业余写稿匠。七十年代通过梁浓刚的介绍，开始在何锦玲主编的《星岛日报》写专栏，后来又在《明报周刊》写。这些报刊都给予我大幅度的创作自由，一写半个世纪，感觉上永远是在学习，总希望能够写得更像样一点。如今这里结集的稿子，便是选自《明周》的一个专栏。说的虽然是饮食，谈的到底是人情，因此书名就定作“饮食调情”。饮和食德，首重调味。天下文章，大旨谈情。味有味道，情有情理；情味和道理，原本就一脉相承，理路共通。

杜杜

目录

第二辑：菜谱如曲谱

第三辑：饮食与命运

第一辑：一日三餐

一日三餐

每天该吃多少顿才合乎健康之道？

如今不论中外，皆以一日早、午、晚三顿为准，然后在这上头再加以变化或增添。例如说，英国中产阶级还喜欢在午、晚餐之间来一度安适下午茶，一杯 Earl Grey，一件 muffin，略为舒缓紧张的生活节奏，偷享浮生半日闲。香港人喜欢消夜，正是：吃饭前，打打牌；吃饭后，打打牌；打完牌，消消夜。长夜搓麻将，未免损劳精力，那就不妨下楼在附近的大牌档打冷，潮州粥送猪大肠和卤水鹅，最是滋味怡神。吃罢搓搓肚皮，继续元气充足地攻打四方城，真正是卫生麻将，娱乐不忘填肚。

当然也有因利就便两顿并作一餐的 brunch。Brunch 已入《牛津英文大字典》，是 breakfast 及 lunch 的合并和紧缩，多少反映了现代生活的快速节奏；进食就简，可悭则悭，把吃饭的时间省下来做工。不过吃 brunch 的倒不一定是劳动大众。夜鬼们作乐至深夜两三点，一觉醒来已是日上三竿的十一点，吃个 brunch 刚刚好。通常可以是一份奄列[①]，另加牛油多士及奶茶，分量适中，配合肠胃的状态是最先决的考虑。街坊小茶楼通常大清早就有一盅盅的排骨饭或滑鸡饭，方便体力劳动的工人为一天的操作做准备。对他们而言，早饭正是一天之中最重要的一顿。

英文 dinner 一般译作晚餐，其实它的原意是指一天之中最重要一顿，也就是午饭。但时移世迁，商业社会皆以朝九晚五为上班时间，中午那一顿饭反而转为轻便，把丰盛的一顿寄望晚间回家之后。渐渐地 dinner 由午餐移作晚餐。遇到了隆重的午餐场合，反而要特别声明为 midday dinner。Dinner 比较隆重，一般家常晚饭称作 supper。但是宗教里著名的最后的晚餐却称 the Last Supper，意大利的达·芬奇（Leonardo da Vinci）便曾将之入画。如今演变为午餐的 lunch，根据我喜爱的 Samuel Johnson[②] 所编的大字典所言，是从 clutch 和 clunch 演化而成，本是“堪可盈握一小块”的意思：即可以是一小块面包或一小块肉。如此看来，午餐本来就是轻便简捷的一顿，而这倒是符合上班一族的午饭观念的。上班的洋人午餐通常只是一份三文治加一杯清水，华人能够在工作的午饭时间在附近的小馆吃一碟叉烧饭喝例汤，于愿已足。如今即使是每日一顿丰盛的合家欢晚餐也成为

---

① 奄列（omelette），即煎蛋饼、煎蛋卷，指将不同的材料和打好的蛋一起煎成的蛋卷。

② Samuel Johnson（塞缪尔·约翰逊，1709—1784），英国作家、文学评论家、诗人，代表作有《英语大辞典》《人类欲望的虚幻》《阿比西尼王子》等。

奢望，皆因时世艰难，为了谋生，各有志向，时刻参商，能同时相见齐齐吃饭的机会并不常有。培根（Bacon，不是烟肉）曰："希望是良好的早餐，但却是糟糕的晚餐。"而如今连糟糕的晚饭也难指望了。大多数的时间都是各自修行各吃各的。

Breakfast 是复字，由"破"（break）和"斋戒"（fast）合成，那是说经过一宿无粮，到了清早便打破这不吃的状态，从事一天进食之始。扬州俗语说："早上要吃得好，午饭要吃得饱，晚餐要吃得少。"这也不过是聊备一格的说法。不过晚餐要吃得少这一点，虽然和一般洋人的观点分驰，却是合乎卫生之道的。

中国先秦只吃两顿。早餐称饔，晚餐称飧。根据《睡虎地秦墓竹简·仓》所记载，当时的筑墙劳动工人每天早饭半斗，晚饭三分之一斗，这一方面说明了当时的人也明白晚饭要吃得比早饭少的这一个卫生原则。

意大利的柏利坚诺·亚杜斯（Pellegrino Artusi）写了一本在意大利家喻户晓的经典食谱《烹饪科学及饮食艺术》（*La Scienza in Cucina e L'Arte di Mangiar Bene*, 1891）；在书中"一些健康守则"的一章里面，亚杜斯发表了他对一日三餐的见解。他认为清早起床，如果不大想吃东西的话，便喝一杯黑咖啡，如果有胃口的话，则可加添一份牛油多士，而咖啡则可以加奶，甚至可以来一杯热巧克力。四小时之后，早餐已经消化，我们便可以在十二时左右进食一天的第一顿。

值得留意的是亚杜斯认为早餐并非正式的一顿饭，中午吃的才是。亚杜斯认为中午的一顿不宜吃得太饱，为的是要替晚餐留下余地。午饭不宜进酒，最佳莫若白开水一杯，不然的话奶茶也是好的，既可安神，又助消化。

晚餐是一日之主餐，也是一家欢聚的时候，可以放怀而吃，但也要看时节。夏日的晚餐便要吃得有节制；炎炎暑天，要吃得清淡中和。这一点和中国的四时调摄不谋而合。晚餐要荤菜素菜配搭得宜，荤菜多些不妨，并可配以陈年醇酒。但也不要吃得太过分，见饱即止，是为适宜。还有一点要留意的是，午餐和晚餐之间要相隔七小时。

隔了一个多世纪回头看亚杜斯的饮食卫生，觉得似是老生常谈，并不见得科学，不过其中提及的定时而食、四季调节、食无过饱等论调，始终是值得参考的。

如今也有专家提倡少食多餐，把一日三餐改为六餐，大约每隔三小时吃一顿。醒后一小时吃早餐，睡前三小时便得停止进食。但也有专家反对，认为应守传统的一日三餐的原则。其实人的体质习性各异，肠胃功能亦各有不同，不必也不能盲从任何专家的意见。总得自己留意，吃了什么不舒服，吃了什么最畅和。主要不是为了满足口舌之欲，而是要叫肠胃舒适。

饭前感恩

人又不是畜牲，总不能一坐下来二话不说就大吃四方，仿佛猪食潲。遇上喜庆宴会，素昧平生的十个人共处一桌，但见头菜拼盘端将上来，连声叫道“饮杯，饮杯”，是表示认知别人的存在，所以虽然有懒惰苏丝转盘[①]，还得互相客气礼让一番，方才动筷；化皮乳猪和凉拌海蜇的分量该是多少，各人心中有数。即使是家中一日三餐，也有小家庭的规矩。小孩子进食之前会说一声：“爸爸妈妈食饭。”自小得养成顾及别人的美德，必须睇餸[②]食饭，不得飞象过河。至于虔诚的教徒，独自在餐室午膳，也会在事前低头默祷，以示感恩。

基督徒的饭前感恩祷文似是可以随意抒发，总不外是多谢上主赐我等日用食粮，并求保佑老少平安，也有福至心灵地轻轻附加一句：“并请祝福这位日复一日、

① 懒惰苏丝转盘，源自英文词语 Lazy-Susan，常指中餐厅圆桌上的转盘。

② 餸，粤语，音“送”，指下饭的菜（包括荤菜和素菜）。

锲而不舍地在厨房主持大局的贤慧主妇。”多半是因为曾经有主妇发难：“多谢上主？敢情这一顿饭是从天而降的吧？”因此有了经验，作此天衣无缝的安抚。当然，富有神学逻辑训练的大可以振振有辞辩曰：“厨房中的勤奋主妇，亦不外是上天的安排所赐。所以归根究柢，还是感谢上主。”不过神学归神学，明智的子女通常不会把逻辑推至这样的极端。

天主教徒有饭前经和饭后经，更加严谨了。饭前经求上主祝福所赐之粮食，饭后经方才感谢所赐，思路分明，有条不紊。更为耐人寻味的是饭后经还有一句：“愿亡者的灵魂因天主的仁慈而得到安息。”好端端的吃饭，怎么又想到生死大限了呢？原来教徒们都知道人生在世只是过渡，而且生命无常，谁也没有提出保证天天可以饱食无忧。今天有得吃，说不定明天就没有了。没有什么是我们应得的，没有什么是理所当然的，因此对一切都表示感激。感恩是教徒的平常心态。

19世纪的英国散文大家查尔斯·兰姆（Charles Lamb）在《饭前感恩》（*Grace Before Meat*）一文中就说过：“为何我们对口腹之福——甚至仅是吃的本身——有着明确特殊的感谢表示，而对世上许多别的美好事物、佳惠妙赐却只是悄悄受用而默不作声呢？”兰姆还列举多种例子，如愉快的旅行、月下的散步、好友的会晤，还有那美好的书本、文学著作，亦即是所谓精神食粮，这些也很重要呀。那在阅读莎士比亚（William Shakespeare）或弥尔顿（John Milton）之前，是否也要祷告一番呢？还有咱们的曹雪和杜甫？天主教的弥撒礼仪之中，神父读毕福音之后便说：“这是上主的话。”信徒便和道：“感谢天主。”的确是有开口多谢天赐的精神食粮。

记得爱说笑话的阿虫[①]曾经说过：“从前的孝子在行周公之礼之前，得向列祖列宗焚香祷告一番，祈求家中香灯得继，而免陷于‘不孝有三，无后为大’的厄运之中。”怕只怕面对这样的压力，会大大影响了情趣，因此适得其反。德国的圣哲迪特里希·潘霍华（Dietrich Bonhoeffer）就说过：“假如上帝愿意给我们肉体的欢乐，我们又何必假装比上帝还要神圣呢？”潘霍华主张的是生命的多重奏：生命是多方面的，万物各有时刻；有时要面对苦难，有时要接受欢乐，有时需要克己，有时可以享受。潘霍华还幽默地表示：“说得坦白一点，在妻子的怀抱之中却又偏偏去想超凡入圣的宗教问题，是缺乏品味的表现。”对生命的欢乐，坦然接受便好，何必假惺惺？

那么面对食物而祷告一番又是否惺惺作态呢？照查尔斯·兰姆的说法，话要分开来讲。他说祈祷祝福一事在穷人的饭桌上，或者在儿童天真无邪地进食时，的确有其动人之处。三餐不继的人坐在饭桌之前，感激之情油然而生，因此他的感恩是由衷真诚的。一个人面对着一盘萝卜炖羊肉，很可能会产生感谢的念头，但这同一个人对着一桌子鹿肉甲鱼的盛宴，头脑未免会紊乱起来，因而与诵经的事不甚协调。当其时也，狼吞虎咽的欲望

---

① 阿虫，本名严以敬，20 世纪 60 年代香港地区家喻户晓的漫画家。

既已占了上风，宗教的虔敬情绪便难以横插进来。一张垂涎三尺的嘴巴还要再嘟囔什么祷文，实在也与诵经之原义大乖。强烈的食欲如此大炽，微弱的道心也必澌灭。

查尔斯·兰姆说他并非反对饭前感恩，他反对的是明是感恩，暗中却去祭饕餮之神。因此他说："这祝福诵经之举，要推进至食欲已退、良心发现之时，亦即是食物清淡、杯盘有限之时。"我觉得兰姆的论调未免过严。人生在世，面对清茶淡饭固然要保存感恩之心，但更重要的是在有机会面对美食盛宴之时，依然保持平静心态，欢欢喜喜地坦然享用一番。

吃饭修行

李叔同平生吃饭有此守则：务必把一碗饭吃得干干净净，不得有一粒半粒留在碗底。我们凡夫俗子觉得这样做未免过于拘泥执着，虽然说是要爱物惜福，一粥一饭，当思来处不易，但亦不必太过。但是圣贤和我们的分别就是认真彻底、巨细靡遗。大作家对写作认真，一个字看得有巴斗大；大圣贤对德行认真，从一粒米饭的浪费中看出一整个宇宙的罪孽，因此不肯掉以轻心、随便放过。李叔同死后留有遗嘱，吩咐在入龛时将常用的小碗四个也带去，“垫龛四脚，盛满以水，以免蚂蚁嗅味走上，致焚化时损害蚂蚁生命，应须谨慎”。生时不浪费一粒米饭，死后不损害一只蚂蚁。善恶并无大小之分，只有本质之别。法国的圣德肋撒（St. Thérèse of Lisieux）只因为修道院院长曾说过不得浪费任何可作冬天壁炉燃料的木材，而小心地把削铅笔所得的刨花留下。修女发的三愿之一是服从，圣德肋撒于是把服从的精神发挥尽致。

我自己暗自思量有生以来所糟蹋掉的盘中之餐，不由得心惊肉跳。老父以前也曾劝我把吃剩的饭放在前院喂鸟，我持有碍观瞻的理由而不从，如今想来，我不单扫了他的田园野兴，也辜负了他那惜物护生的苦心。只记得大约在三十年前，我曾经在尖沙咀的美心饭店吃午餐，叫了一客焗海鲜饭，年轻的侍应捧出一只白瓷烤盘，把盘里面的饭转载至桌上的餐碟之中。烤盘中还有好些饭，他便预备端走了，我连忙阻止。年轻的侍应回道："通常我们总要留下一点饭，否则顾客会以为我们看他不起。"我正色道："没有这样的话。你快快把饭统统给我，不得有误。"

那一次我刚刚病愈，前往尖沙咀散步；当时胃口颇佳，想到的还不是什么爱物惜福的大道理。不过我也有意纠正那年轻人的错误思想，莫以为浪费食物就是表现气派，那太幼稚无聊了。而把饭吃干净也绝对不是小家，反而是端正清洁的典范。

周汝昌在《"真"亦可"畏"》这篇短文中追忆学者吴宓先生："吴先生始终被人看成是一个罕见的'怪物'。例如在吃饭时，在临散席时，他见别人碗中有未吃净的米粒菜叶……一定要拿起来替那人吃'完'。连道新兄也劝过他，说不可如此，太忤俗，也太'过分'了。吴先生答：'我只是行我所应行之事，既非对人，也无用意，没有什么可计较议论的。'"

吃别人吃剩的食物，当然不卫生，而且可能是强制性的病态行为。但我猜想吴宓先生并非如此。李叔同的把饭吃干净可以看作是独自修行的"小乘"，而吴宓替别人"吃完"是替那人积福，免那人陷于暴殄天物的罪孽。

所以他只坦然道“我只是行我应行之事”；“既非对人”，即是说“我这样做并非是批评别人，作无声的指责”，所以“也无用意”，因此“没有什么可以计较议论的”。吴宓自己吃饭不浪费想是必然的，因为他生活简朴至极，把当教授的工资都花在别人身上，包括各式各样的贫困待助者。他看见别人浪费食物，只是义务替他吃完，并无指责的意思。他这才真是“完成自己，也完成他人”的“大乘”精神，而且率真无忌，但世俗却难理解容忍。

圣女德肋撒一生克己为人，在饮食方面自然也不例外。她在圣衣修道院修行九年，修道院内流行的一句话是“有什么不要吃的，给德肋撒修女便可以了”。别人给什么她便吃什么，绝对没有意见，渐渐地大家习以为常，还以为她真的喜欢吃。她在死前才向二姊透露：“呀，小嬷嬷，他们给我的奄列可有多糟糕！全都干掉了，而他们却信心十足地以为我甘之如饴。在我死后，可千万留意，不要随便把坏的食物给可怜的修女。”

她曾说过：“如果天主要剥夺我们一些什么，我们是一点办法也没有的，只得顺从。有时候玛利圣心修女把我的那一盘沙律放在玛利道成肉身修女那边，使我不能把这盘沙律当作是我的，因此我碰也没有碰。”

有一位修女因吃饭时别人把她的一份苹果酒漏掉了而口出怨言，事后圣德肋撒把她拉向一旁道：“那是天主给你做克己功夫的机会，你却平白放过了。”

而我自己在街坊小馆吃午饭之时，侍应偶然会把我的那一碗例汤忘记，我也就不提，由他去。这样做有两个好处：一是体谅别人，侍应已经够忙了，不要烦他；二来，自己也顺便做一点微不足道的克己功夫。我自己也并非不知道，和大圣大贤的彻底、认真比起来，我那一点偶露的灵光是多么的滑稽可笑而又微弱。

今天饭后谁洗碗

如今社会着重宣传，连教师这么朴素的行业照样有什么全国最杰出教师奖、全市最具创意教师奖，诸如此类，不一而足，让小小的“人之患”大大地过一阵明星瘾。真正是在后现代的世界里，人人轮流出名五分钟，就是好像没有家庭主妇的份。家庭主妇可是厌倦性的行业，一年三百六十五日一星期七天一日三餐地川流不息，周而复始。没有加薪，没有升级，没有水银灯的光华，有的只是油烟和洗去复来的肥腻；煮饭婆之所以会演变成黄脸婆，多半是因为耽在厨房里面，默默苦干，日子有功所引致。

当然有不平则鸣的一刻。有主妇负责一家大小的饮食十载。晚饭吃罢，看报的看报，剔牙的剔牙，主妇还得收拾狼藉的饭桌，清洗肮脏的碗碟。好了末了一天一家大小又施施然齐坐一桌，静候开饭。主妇捧上来一碟干草。子女大吃一惊，面面相觑，只有爸爸还会得问她是否要看医生。主妇笑曰：“今天倒是有人肯开金口了。这么多年来从没有听见你们说一声多谢，更没有见谁主动替我把洗净的碗筷抹干。”我更听见过有主妇罔顾丈夫子女的口味，不管蔬菜还是鱼肉，一律白煮上碟。老娘替你们煮饭做菜，已经仁至义尽，焉得阿支阿咗[①]，要求多多。如有异议，外卖解决，饭盒对付；我的长篇电视剧《赌城风云》还没有追看完毕呢。

年轻时习惯了妻子的迁就，晚饭的三菜一汤都按照我的口味安排。有同事知道之后大不以为然，怒而责之：“乜你咁贱[②]。”我听了还是木肤肤[③]的，依然身在福中不知福。印象中自己从来没有在饭后接触过柠檬洗洁精。偶然兴之所至，欲想一试，便遭贤妻阻止：“唔该你啦[④]，袖长过手，学人洗碗。”要许多年之后我才体会过来她话中的不满。侍候一个人的饮食起居要付出几许的容忍和耐性？除非自己爱着他。即使如此，也不容易。再坚贞的爱情也经不起水龙头的冲洗和白沙粉的磨蚀。忽然之间，有一天恩义不再，只有饭后的碗碟依然高高地叠起。如今谁去收拾残局？

马死落地行，情尽卷衣袖。你不洗时我自己洗。记得小女孩说过卷起的衣袖流露了一种劳动美。我倒并不依靠这样的浪漫情怀；与沾满酱油和残羹的食器打交道自有一番写实的体会，并且可以慢慢克服了我那好逸恶劳的天性，又顺便消耗若干卡路里，于健康和灵魂都有莫大的益处。

---

① 阿支阿咗，粤语，意思是“挑剔诸多，啰里啰嗦”。
② 乜你咁贱，粤语，意思是“你怎么这么贱”。
③ 木肤肤，粤语，指很迟钝、懵懂。
④ 唔该你啦，粤语，意思是“不用麻烦你啦”。

而且物有物性，完全服从你的一双手。付出了多大的心血和耐性，那些碗碗碟碟便有多干净，努力和成果是美丽公道的正比，丝毫不爽。但人却不一样，你说东时他向西；你对他百般爱慕，他反脸无情；你好言相劝，他充耳不闻；待你真的不理他了，他倒又反过来探问，不过也拿不得准。反正和人打交道，便是不按牌理出牌，不可以常理推测，虚虚实实，变化无穷。有这个麻烦的！与其千方百计哄别人替你做事，还不如亲自出马直接了当。

《不洗碗碟的男人》（*The Man Who Didn't Wash His Dishes*, 1950）这本儿童故事写得不怎么样，倒是书中的石版画插图比较清简隽永，其中一幅描绘老头儿饭后把头枕在手上，对着阴暗里的杯碟沉思。一种孤寂情怀，儿童不见得体会得到，竟也触动了我的心事。老头儿无妻无子，独居市镇边缘的小屋内，一切起居饮食，只得亲自打点。文中说他一天回家，特别肚饿，因此弄了一顿丰盛的晚餐自家招呼自家；饱吃之后竟不思劳动，只向自己交代说一切碗碟，且留待明天清理。谁知翌日回家他吃得更多了，吃后也就更为疲懒。很快清洁的食具都给他用光，于是转用花瓶和烟灰缸。厨房里、书架上、大门后，满屋都堆栈了碗碟刀叉，简直无处容身。因为是儿童故事，内文并没有直接点明老头儿基本的问题是独身，真正的哀伤是寂寞。书写成于半世纪之前，对于妇解意识并不存在的女作家而言，已婚有妻的男士当然不会有饭后洗碗的烦恼，这才刻意把书中的老头儿写成独身，顺理成章地搬演这个不洗碗的男人故事。谁知道已婚的人也有他们的泥淖。

老头儿的故事发展至此已经不可开交，如何分解？正是做戏无法，请个菩萨；女作家也只得妙想天开地请天公来一场及时大雨。老头儿于是灵机一触，把所有的肮脏食具花瓶容器用大卡车运出露天之外，让雨天来冲洗得光洁如新，再一一捧回去收拾整齐，各安各位。老头儿如今总是饭后立即善后。他很快乐。

这只是儿童故事天地里的思维逻辑：干净利落的觉悟和转变；一场天雨，人事全新，诸事大吉。而在现实里，老头儿寂寞如故，基本问题依然存在。说不定在什么时刻，一个不小心，碗碗碟碟又不知不觉地堆积长高起来了。因此得时刻地警醒着。

独身的人还可以心存幻想，只要家有贤妻，便可以饭后无忧，但那已经入了围城的过来人知道幸福的婚姻也不过就是那么一回事。不管怎样，人心恒久寂寞。同台吃饭，各自修行。饭后努力洗碗，更是各人修各人的福。所以现在我总是心无旁骛地把一只水晶杯子冲洗得光洁闪亮，因为已经没有指望了。有一点空闲时间会得炸腰果，事后油锅炉头用沙粉纸巾洗擦得一尘不染，把腰果用玻璃瓶子盛装妥当。我看着厨房内的杯杯碟碟、瓶瓶罐罐，都自成格律、各有节奏地排列整齐，只觉得神清气爽。相形之下，快乐反而变得毫不相干和一点也不重要了。

吃的便条

在纽约这边，虽然只是担任了小小一个教职，在人事方面也要有点分寸。例如说，每逢圣诞节感恩节，同事间的互赠礼物我从不参与。但见一众女生大包小包金的银的轮流交换，却又暗自计算其轻重与得失。有这个麻烦的。何苦来这一套虚应故事？平日能够和平共处才是真正的发财呢。但对学校的工友我喜欢在适当时机送点茶叶月饼之类。原籍西班牙的玛利亚吃着蛋黄莲蓉月，颇觉新鲜。工作上总有劳烦人家的地方，书柜坏了，冷气失灵，一声通知便立即修补妥当。这也并非纯是功利主义，说我对工友表示感激也是实情。

送礼难

至于送礼给上司，即使是真心的，多少总有嫌疑。但是最近竟也破了例。事缘学期结束，校长在南海港来个欢乐时光慰劳大家，一时间把血腥玛利与酥炸鸡翼吃喝个不亦乐乎。我不能喝，早就已经脸红耳赤地坐在那里，乘机向波士[1]请辞："我已喝醉，为免失礼，该及早退席为妙。"于是乎戴上墨超，笑嘻嘻地向各人挥手告别。负责护送我的工友刘先生在半途竖起大拇指："你系得慨，借醉松人[2]。"

次日早上有点公文要回覆校长，刚巧又捡到了一个名叫 Chanticleer 的茶包，便灵机一动，写了个便条："当然你知道 Chanticleer 是乔叟（Geoffrey Chaucer）《坎特伯雷故事》（*The Canterbury Tales*, 1475）里的雄鸡。希望这雄鸡能唤醒你的宿醉。"欢乐时光自己带头离席，如今算是向他打个招呼，顺便开个无伤大雅的玩笑。

送礼难，送食物更难。品质要优良，口味要揣摩，时间要配合。送礼本来就是一种吊诡，只有舍不得送出的礼物才值得一送。自己吃不了不爱吃的过期罐头、发霉蛋糕，送出去简直辱没了自己的人格。烂牙齿的老太太你送她松露炸腰果，即是攞景[3]。在减肥的小姑娘你送她思时巧克力，岂不是赠兴[4]？水果篮子比较大方得体，但也并非人人合适；倒是送茶叶最妥当，可以久存不坏，大不了偷偷转送别人，不至于暴殄天物。当然贵格娇嫩的茶叶，照样不宜久放，顶多一年期限。日本的抹茶，只可以放一个月，所以最好留给自己吃。如果是自家炮

---

① 波士，即 boss（上司）。

② 你系得慨，借醉松人，粤语，意思是"你是能喝的，只是装醉走人"。

③ 攞景，意思是看热闹，找茬。

④ 赠兴，本义为庆祝；但常用作反话，意思是踩场子、砸场。

制的食物，自然更加因为时限而显得珍贵了。家中老伴一年难得一次雅兴大发，包菜肉云吞分赠亲友。刘天兰女士的茶叶蛋听说也十分驰名，由她亲自调制，以三百只为限，想来亦工程浩大。如今她以美容事业为重，刘姑娘茶叶蛋亦恐怕已成绝响。

威尔士神话中有湖中女仙，美艳不可方物，却喜嫁给凡夫俗子为妻。有青年在黑山湖边放牛，遇见迷人少女在湖中泛着金色小船，不禁堕入爱河，并将怀中的面包献给少女。少女嫌面包太硬，将之退回，随之沉归湖底。次日青年将他母亲预备好的生面粉团拿出来，少女又摇头说太软了，再次消失无踪。第三天青年献出母亲烤好的面包，香脆松软柔白，果然赢得芳心，娶了仙女为妻。这神话故事多少道出了以食品为礼物的困难，也间接暗示了婆媳和平共处之道：饮食调和，家业兴盛。

送饼更难

在淮远[①]自称到目前为止最重要的散文集《水枪扒手》（2003）里面，有一则“送饼须知”，说的也是以食物为礼带来的种种后遗症。淮远送给阿转一盒一个的双黄莲蓉月，阿转的弟弟在盒上面写上了自己的全名，以为安枕无忧，谁知他阿妈顺手拈来吃个精光，惹得阿

① 淮远，原名关怀远，香港作家，原籍广东南海，代表作有《懒鬼出门》《赌城买鞋》《跳虱》等。

转弟弟大吵一场。淮远的结论是下一回送阿转月饼不能只送一盒一个的，“免伤母子的和气”。文中又提及一种新近流行的人物肖像月饼。万一月饼上印有惹人反感的人物，便会产生问题：“我要是给阿转的老子奉上一盒印有李柱铭[①]肖像的月饼，他不大吼一声使劲扔掉才怪。”

这便牵涉食品礼物的另一方面：受的那一方也不易为。碰到不喜欢的礼物，“大吼一声使劲扔掉”虽然直接了当，却并非处理人际关系的最佳方法。记得在香港有一次同事唐太好意请我吃一块巧克力：“替你添增一点精力。”我说不吃了。唐太曰：“吓，想毒死你都唔得[②]。”

鲁迅在《在酒楼上》忆述有一次为了取悦少女阿顺，硬生生迫着自己吃下了一大碗由阿顺亲自调制的加糖荞麦粉：“我由此才知道硬吃的苦痛，我只记得还做孩子时候的吃尽一碗拌着驱除蛔虫药粉的砂糖才有这样难。然而我毫不抱怨，因为她过来收拾空碗时候忍着的得意的笑容，已尽够赔偿我的苦痛有余了。”

如何才可以顺情而又不害己？有人用一张发黄的纸巾包了一块苹果批[③]送来给我，糖浆恶形恶状地流满纸上。我满脸堆笑地接收了，然后乘人不觉丢入垃圾桶。如何避免自己送出的礼物遭到同一命运？送出最好的便是。

---

① 李柱铭，香港民主党创党主席。

② 吓，想毒死你都唔得，粤语，意思是“哎呀，想毒死你都不成”。

③ 苹果批，即苹果派（apple pie）。

一声谢谢

美国诗人威廉·卡洛斯·威廉姆斯（William Carlos Williams）写过一首便条似的短诗，叫《只是想告诉你一声》（*This is Just to Say*），说的是他从冰箱中信手拈来吃掉了妻子买来的李子，事后留言解释：

我吃掉了
冰箱里的
李子
可能是
你留下
做早点的
原谅我
那些李子
如许清甜
而又冰凉

非常的家常情调。简短的三言两语，却流露了夫妻和顺相处之道，阿转的阿妈如果在吃了月饼之后也留个便条解释，或者可免母子伤了和气。

西西[1]的《竹丝鸡》风格清简、情意隽永，和《只

① 西西，原名张彦，笔名西西、张爱伦，当代香港作家，代表作有《我城》《鹿哨》《春望》《像我这样的一个女子》等。

是想告诉你一声》颇为神似。诗中述说朋友送她一只竹丝鸡，她吃了“身体好像也好些”；整整的一只竹丝鸡都吃掉了，只剩下一支支骨头：

一支支骨头
过过清水
晒晒太阳
原来也可以蘸墨水写字
那么就用来写字吧
写几个字
谢谢你

即使是基督徒每顿饭之前的祈祷，也只是一声“谢谢”而已。那是写给上帝的餐前便条。

洗手须知

已经是上一个世纪的事情了。那时小儿才五六岁，我和他上街坊饭馆子吃晚饭，点菜妥当之后齐去洗手间。他一边洗手，一边发问："人一双手的细菌，会不会比海中的生物还要多？"这哲学科学两栖的命题，叫我苦思良久，一直至今。旁的不论，随着年龄的增长，我发现自己洗手的次数缓慢而肯定地添加。

年轻时有过筷子掉在地上拾起来面不改容继续吃饭的纪录，朋友见了异而议之："你真是太洒脱了。"这当然是说得客气。年轻时拥有的是天地不怕的品性，并且自有一套粗犷的人生观："该死唔驶病，惊就两份①。"凡事怕麻烦，不想麻烦自己，更不愿麻烦别人。电影和文学以外的日常生活，总要简洁明快从事。朋友的客气话也大可以当作恭维。

洗手当然是因为怕死。有人或者会更正曰：洗手是

① 该死唔驶病，惊就两份，粤语，意思是"该死的时候，都用不着生病。要怕死又要担心生病，惊吓倒是两倍了。"

为了讲求卫生。保卫生命的动机，不是怕死，又是什么？自私的人但求保卫他自己的一条性命，爱自己尊若菩萨，窥他人秽如粪土，因此特别卫生——卫他自己的生。但凡是暴君都有这一样自相矛盾的特点：杀人不眨眼，气势如虹地视上千上万的生命如同蝼蚁，但是一旦涉及自己的生命，立即变得胆小如鼠，婆婆妈妈。大元帅一次出游封锁十条街道，你说是为了什么？一代暴君萨达姆·侯赛因杀人如麻，但特别注重饮食卫生，各式餐具碗碟皆用消毒洁布一一仔细揩抹；餐前洗手固然不在话下，即使和别人握手之后，也必定会把双手清洗妥当，只因为他的命特别值钱。

自私的代价是永恒的焦虑。越是自私的人越是要保护自己，越是保护自己越是疑虑重重，患得患失，处处提防，因此弄巧反拙，因加得减，不得安生。暴君杀人是怕人先杀他，越是怕越是杀人。但人非草木，不一定是说暴君也还有一点未泯的天良，大多数的时候是没有的，但人杀多了总会引致不安，良心的责备可以置之不理（如果还有的话），只是很奇怪地，一双手上的细菌却繁殖得千变万化、多彩多姿。因此暴君在饭前和饭后都要频频洗手了。

莎士比亚的名剧《麦克白》（*Macbeth*, 1623）里面的麦克白夫人野心勃勃、铁石心肠，一力推动丈夫弑君篡位。事后麦克白看着自己的一双手说：“大洋里所有的水，能够洗净我手上的血迹吗？不，恐怕我这一手的血，倒要把一碧无垠的海水染成一片殷红呢。”而麦克白夫人倒很镇静：“我的两手也跟你的同样颜色，可是我的心却不像你这样惨白。”然而她终于心有不安，患了梦游之症，且在梦中做出洗手的动作，并且叹道：“这儿还是有一股血腥气；所有阿拉伯的香料都不能叫这双小手变得香一点。”洗手的真正原因和动机，就从麦克白夫人梦话中泄漏得一清二白；良心的污秽和手上的腥气本就一脉相承，里外对照。不常洗手的人自有气定神闲的一种风度，多半是因为本来就行为端正，不必再节外生枝，多此一举。

好莱坞电影大亨霍华德·休斯（Howard Hughes）富可敌国，一生泡尽无数美女艳星，晚年却患了精神病，躲在密室中避世，仪容不整，只是无止境地用纸巾揩抹双手，更不时将之清洗。在他和女星凯瑟琳·赫本（Katharine Hepburn）分手之时，他把自己所有的衣物尽情抛向火中焚烧。电影《娱乐大亨》（*The Aviator*, 2004）里加插了一段霍华德·休斯童年时母亲替他洗澡的镜头，并且边洗边警告他：“外头的世界不安全，因为细菌太多。”电影企图用童年心理来解释霍华德·休斯的精神病。只是这解释太过简单幼稚。在霍华德·休斯的一本传记中也有他焚衣的故事，不过当时有位下人企图阻止霍华德·休斯烧掉其中的一件皮大衣，要留下来送给他。据说霍华德·休斯拒绝了，并且说：“除非你想生花柳。”

霍华德·休斯是否生花柳是一回事，但从他晚年的种种举止推断，他怕生花柳则毋庸置疑。一生纵情色欲的人，为所欲为，那唯一可以惩罚他的人是他自己。有一派神学认为罪的本身也就是罪的惩罚：暴饮暴食的人变得肥肿难分；贪得无厌的人倒在自己财产的重压之下；纵欲过度的人来个物极必反，忽然之间产生了极度的厌恶，有了污秽和不洁的感受。过度的恐惧可以变成变态的喜好，而过度的喜好也可以成为恐惧和憎恶。人终日洗手不断，无非想洗掉自己的犯罪感。

《马可福音》里面的第七章，法利赛人和耶路撒冷的经师看见耶稣的门徒不洗手便吃饭，便质问之。原来法利赛人和犹太人都谨守先人的传统，吃饭前洗手要洗到肘部；如果从街市回来，也得先清洗一番方可进食。其他如杯、壶、铜器，也得在进食之时一一清洗。耶稣的回答是："你们都要听我，且要明白，不是从人外面进入他体内的，能污秽人，而是从人里面出来的，才污秽人。"在《路加福音》第十一章里面，耶稣也说是："你们法利赛人，洗净杯盘的外面，你们心中都满是劫夺与邪恶。糊涂的人哪！那造外表的，不是也造了里面吗？只要把你们杯盘里面的施舍了，那么，一切对你们便都洁净了。"

饭前洗手，敢情是合乎卫生之道的一件事。但也有一回事叫洗手洗得过了头的。那是焦虑的表现，而焦虑，来自自私和犯罪感。

为腹不为目
—— 老子的饮食智慧

讲究饮食的人士喜欢来个色香味官感共鸣，多重享受，但是往往因此成了互相干扰和削弱，甚至而喧宾夺主，以目代舌，被食物的五光十色迷惑住了，食而不辨其味。像日本的羊羹，有红有绿，各式甜饼又压成花朵形状，颜色悦目，形态可人；只可惜“色”的境界独高，“香”和“味”反而变得次要。睁着眼睛将那些色彩明丽的花饼咬吃，颇有煮鹤焚琴之叹；如果闭上眼睛吃的话，却只一个“甜”字了得。可谓眼睛上当、舌头受骗，皆因弄不清进食的愉悦主题在舌头上面。

所以高手试酒，为了鉴别品格，往往蒙上眼睛；食家吃到了至味奇珍，也会不期然地闭上眼睛，仿佛借此驱除“色”的入侵，而把注意力集中在舌头，细意品尝一番。

因此我时常怀疑，失掉了眼睛是否会另有所得。毕加索（Pablo Picasso）就一直为“瞎眼”这主题而大受困扰。作为画家，毕加索自然认为眼睛几乎就是一切。但是眼睛所能看见的只是浮华变幻的大千世界，而永恒的真境只能凭心眼去感应。因此毕加索曾语出惊人："人们应该把画家的眼睛挖掉，正如有人把金翅鸟弄瞎，好叫它唱得更为动听。"毕加索蓝色时期的一幅《瞎眼吉他手》（*The Old Guitarist*, 1903），有一点夫子自道的况味。其时毕加索陷入极度困境，对现实世界已感绝望。细想还不如瞎掉眼睛的好，因为这样一来可以内视心境，另寻真谛，攀登形而上的艺术高峰。耳聋的伟大音乐家有贝多芬，那么为什么不可以有瞎眼的歌手，甚至乎是瞎眼的大画家？只有肉眼失去，心眼才能真正睁开。

1902年毕加索离开巴黎，重回巴塞罗那，贫困依旧，作画如故。在这之前，他曾濒临疯狂和自杀的边缘，重返故园到底有安抚心灵的作用；于是他开始了他的蓝色时期，画中人物不是乞丐盲人，就是劳苦阶层。他们或单独进食，或互相依偎，流露了哀伤，甚至绝望，但是那清简的调子却罕有的具沉思风范，气味宁静。忧伤还是忧伤，却已经能够坐下来仔细端详这忧伤的容颜真貌，将之捕捉，凝固在画面之中，并且透过这蓝色，去表达内在的精神。

完成于1903年秋天的《盲人早餐》（*Breakfast of a Blind Man*）正好用来说明这一点。毕加索在给友人的一封信中如是说："我在画一名盲人进食，他左手握着面包，右手伸出去摸酒罐。"画中的盲人正独自坐在桌前，桌上覆着一块滑下了一大半的白色桌布；那右手伸向酒罐，但同时间手腕却压在布上，似是在防止桌布继续滑下；一手做两事，越显得盲人进食的困难。桌上另有空盘，而盲人的左手早已握着一方面包。盲人的坐姿和手臂摆放的角度，同时呼应了桌面和画面的直角线条，越发冷峻疏离，将观画者和画中人物隔开。那盲人的身形略带扭曲，手臂特长，叫人想起埃尔·格列柯（El Greco）画中的圣者。盲人脸孔和颈项上的浮凸光影，更显得他瘦骨嶙峋、寂寞冷清。

毕加索的《盲人早餐》，
有一种“一箪食，一瓢饮”的苦修境界

这样的早餐颇有“一箪食，一瓢饮”的苦修境界。或许毕加索并无意表现什么安贫乐道的清简饮食精神，但是画面中的面包和清酒或多或少叫人联想到《圣经·新约》里面最后的晚餐，而那素净的餐桌也带有一点祭坛的意味。画面结构的疏离更驱使观画者处于局外，仿佛在参观圣坛仪式。毕加索的本家西班牙是天主教国家，因此他作此画有意无意引申至宗教的境地里去也是最自然不过的一回事。

这幅画叫人不期然地想起了老子《道德经》第十二章："五色令人目盲，五音令人耳聋，五味令人口爽，驰骋田猎令人心发狂，难得之货令人行妨。是以圣人为腹不为目。故去彼取此。"

老子主张的纯是静态的生活，而摈弃一切外界的声光侵扰。本来驰骋于田野间打猎，是多么的自由自在，但老子认为这样只有使人的心猿一发不可收拾，还不如本来就不放发的好。美食家有时候还会否定了眼睛，但目的是肯定舌头。毕加索的去掉眼睛还是为了艺术而服务，希望借此描绘出更为美丽奇幻的心境。且不要被毕加索那浮浅的宗教境界欺骗了去，因为他早说过"艺术并不贞洁"这句衷情话。在他的晚年他照样大画春宫图，盖他的艺术真境和情欲不可分割。

而老子却索性连眼睛和舌头一同否定了，连带耳朵也惨遭淘汰："五色令人目盲，五音令人耳聋，五味令人口爽。"这一来是否就真的只剩下"一片白茫茫大地真干净"呢？这却未必。因为人始终还有一个肚子要填充。所以老子还是不得不说："是以圣人为腹不为目。"

此话怎讲？且看蒋锡昌《老子校诂》的一段注："腹者无知无欲，虽外有可欲之境，而亦不能见。目者可见外物，易受外境之诱惑而伤自然。故老子以'腹'代表一种简单清静、无知无欲之生活，以'目'代表一种巧伪多欲，其结果竟至目盲、耳聋、口爽、发狂、行妨之生活。明乎此，则'为腹'即为无欲之生活，'不为目'即不为多欲之生活。"

只因为目光外向投射，触目所见之物，变幻多端，永无止境；而腹可容纳的有限量。俗语“眼大肚细”大可以借来说明“目”和“腹”之间的矛盾。饮食方面的需求，往往只是眼见心谋。看见了吸引的美食广告，甚至身不由己的一阵冲动跑出街外去寻求满足。

我们凡夫俗子一时间还不能做到“为无为，事无事，味无味”的境界。但以“为腹不为目”来提醒自己，亦未尝不是健康之道，或者可以因此减肥，并顺便省掉一笔饮食消费。

居安思危啖菜根

上日本馆子吃刺身，也吃那绿的紫的海藻。还是那犹太女子的劝喻：“这海藻的价钱一点也不便宜，而且营养丰富，怎可以白白地糟蹋掉?”于是从善如流，从此把一木盘子的刺身连荤带素吃个美人照镜；末了还有那一大卷雪白晶莹的萝卜丝，就这样用筷子夹了往口中送去，咀嚼一番。那大根丝清淡之中隐隐透出一股辛辣，消滞清肠，替这一顿刺身大鸣奏带来最为合适完美的一段小小终曲。

刺身吃罢，花露水热毛巾揩嘴，并且自我告慰道：“在此太平盛世之日，偶然趁便出来吃一顿金枪黄盖鲽，实不为过也。况且一点没有浪费。连大根也咬了，替这奢侈的晚饭平添一层朴素的色彩。”有道是：“咬得菜根，百事可做。”这本来是句劝人不要怕吃苦头的老话，如今却被借来作为自欺欺人的借口。那么精致幼细洁净的萝卜丝，把本来粗犷的植物化为吃的工艺品，简直入口溶化，哪里还有吃苦的影子？简直是一级享受。

中国菜中也有萝卜丝。天津出产的紫芽青切成细丝，拌糖浇麻油，便是下酒的佳品。湘菜中有“响萝丝”，把萝卜切成二英寸长细丝，略腌后挤去水分，下油锅连同辣椒丝共炒，再下青蒜丝和醋、酱油。这菜做成之后红、绿、白共相掩映，十分悦目可口。

混入御膳中

说到粗菜精吃，还得数慈禧吃萝卜的记载，见于《御香缥缈录》：“萝卜这样东西，原是没有资格可以混入御膳中来的，因为宫里面的人向来对它非常轻视，以为只是平民的食品，或竟是喂养牲畜用的，绝对不能用来亵辱太后；后来不知怎样，竟为太后自己所想了起来，她就吩咐监管御膳房的太监去弄来尝新。也亏了那些厨夫真聪明，好容易竟把萝卜原有的那股气味，一齐都榨去了；再把它配在火腿汤或鸡鸭的浓汤里，那滋味便当然不会差了！”

就是不知道慈禧吃了是否合意。本来一物有一物之特色气味。苦瓜的苦和萝卜的臭，正是其特有之风味。慈禧这老太婆忽然吃厌了山珍海错，打起了萝卜的主意，想必是要来个返璞归真转口味。千方百计地把萝卜的味儿变得不像萝卜，那又何必吃它呢？这个萝卜的臭，是其所含的芥子油所引致的。芥子油是促进食欲、帮助消化的好成分。那又为什么要弄巧反拙地将之去掉？

揩一段吃一段

洋人有一种细小圆滑如鸡蛋的萝卜，有红有白，切成薄片做沙律，是比较原汁原味的吃法，能够吃得到萝卜本来的天然风味。但是真正粗犷原始的吃法，该是谚语所说的“萝卜快了不洗泥”的吃法吧。那是把萝卜从坑里拔起，烂泥萝卜在手，揩一段吃一段。这样吃起来，方才接近“咬得菜根，百事可做”的境界。

美国作家玛格丽特·米切尔（Margaret Mitchell）在《飘》（*Gone With The Wind*, 1936）里面描述史嘉丽重返家园，却发觉家园已遭南北战争炮火的洗礼，而家中的食粮亦遭北军抢劫一空。史嘉丽饥肠辘辘，觅食无门，不知不觉行至院后黑奴居住的棚屋处。在一间棚屋的背后，她发现了短短的一行萝卜，她只觉得一阵强烈的饥饿向她袭来。辛辣的萝卜正是她想吃的。她也来不及把萝卜上的泥土在衣裙上抹掉，便急忙把萝卜咬了一半，吞入腹中。那萝卜又老又粗又辣，以致泪水从她眼中夺眶而出。那老大的一块萝卜刚下腹中，那空洞而受刺激的胃便一阵作呕。她躺在柔软的泥土上，疲弱地呕吐起来。

棚屋处飘来一股隐隐约约的黑奴气味，使她更为恶心。她无力克制，只有凄惨地干哕，而她四周的棚屋和树木则在快速地旋转。

史嘉丽出身南方富农地主，自小娇生惯养，如今却落到这般田地，自不免感怀身世。《飘》的电影剧本里在这一场戏中加了这样的按语："这是史嘉丽一生的最低点——我们看得出她是彻底给打败了。"

再也不挨饿

原著中却又这样写："当她终于站立起来之时，她的头高高地抬起，一些年轻、美丽而温柔的什么东西，永远从她的脸上消逝。过去的已成过去。她从今以后只向前走，不再回头。"跟着便是那著名的史嘉丽宣言："上帝给我见证，北军不能将我打败。从今以后，我和我的家人都不再挨饿。即使我要去偷、去杀人——上帝给我见证，我再也不挨饿。"

电影剧本中在此亦有按语："这是史嘉丽生命中的转捩点，是她最悲壮的时刻。在彻底的失败之中，一个成熟的史嘉丽诞生了。"

一切都只因为她真真正正地咬过了菜根。

而我只是暗自思量：全球暖化正日趋严重，形势紧迫。数亿人口面对缺水缺粮乃是指日可待的事。我们仿佛还在过着丰足的日子，木肤肤地不知以何态度看待这看似遥远而其实已经临近的世纪大恐慌。也只可以尽一己之力省吃俭用。家中明明有一瓶酱瓜不合自己的口味，但是还是耐着性子分一个星期将之吃毕，不得浪费。

有机会也不妨啖啖菜根，提醒自己。

吃的禁忌和联想

暑假得空，心情绝佳，于是亲自下厨做几道菜和家里人一起吃，其中一样打算做的是凉拌莲藕。把新鲜莲藕买回家去皮；露出半透明玉色的藕肉，切成薄片，拌以米醋、香菜，冰镇半小时便大功告成。可惜把生藕片放入口中咬嚼一试滋味，竟然立刻口腔痕痒不适。心想大事不妙:“真的没有什么可以吃的了。”

近年来早已惊觉鲑鱼肥腥难当，简直没法入口，那当然是人工大量饲养，粗做滥制的结果。水果方面，连苹果樱桃也吃不进去。苹果即便削皮吃了依然令到口腔有不良反应。樱桃用清水冲洗干净吃了也难逃一劫。从前种种心爱的水果如今完全碰不得。心想大约是农药用得太到家的缘故，竟也蔓延至莲藕的上头了。我对着厨桌上的一大扎苋菜，没有了勇气撕一片下来试试生吃。

没法入口

用猪肉做狮子头毫无鲜味可言；吃牛肉依然摆脱不

了疯牛症的阴影，吃鲑鱼怕有水银，连野生鲑鱼也不能幸免。只恐怕连超级市场的盒装豆腐也会含有防腐剂。

想从前在香港的横街窄巷小摊子吃蛇吃果子狸，在广州吃禾虫吃田鸡，吃他一个天不怕地不怕，胜在有铺懵胆①。如今吃的天真时代是一去不复返了，皆因残酷的现实情况摆在眼前，不能视而不见。本来心平气和的人也变得神经兮兮、草木皆兵了。

吃的禁忌和联想本来在民间就多样化地流传。吃是滋养生命的切身活动，顾忌多多，是因为珍重自己，往往就节外生枝。过年时节吃年糕是为了“年年高升”，红烧鲤鱼要留下为的是“年年有余”。这是贪图吉利的。父亲当年从上海只身来香港，事前本打算把鲤鱼弄了来吃，只是母亲在旁劝告：“你自己去求生路了，为何却和这尾鲤鱼过不去？”于是命小徒弟把鲤鱼送到黄浦江头放生。母亲生前亦不碰牛肉，因为牛一生勤劳，再吃它的肉于心不忍。这是她的理由。她大约没听过日本神户牛喝啤酒，并且有专人替它按摩，使其肉质幼滑鲜美。旧时新婚夫妇不作兴把枣子和雪梨来共吃，那是因为“枣梨枣梨早分离”也。这一种饮食上头的神经过敏其实十分普遍。

称心与否

贾平凹在杂文《做不得美食家》里面便说自己是个

① 有铺懵胆，粤语，意思是胆子大、够莽撞。

“好招待，难伺候”的人，皆因他吃的联想和禁忌太多：“鸡爪子不吃嫌有脚气，猪耳不吃，老想到耳屎。我属龙，不吃蛇，鳝段如蛇也不吃。青蛙肉不吃，蛙与凹同音，自己不吃自己…… 等等的讲究。这讲究不是故意要讲究，是身子的需要，心性的需要，也是感觉的需要，所以每遇到宴会，我总吃不饱。但是，我是一顿也不能凑合着吃食的人。没按自己心性来吃，情绪就很坏，因此在家或者出门在外，常常有脾气焦躁的时候……”

贾平凹在这里道着了饮食愉悦的关键。吃得称心与否，除了味道和卫生之外，还有一层心理因素，而这心理因素又往往是最不可理喻的，非常的主观，全凭一己的联想，例如贾平凹的看见猪耳便想起了耳屎，吃不下咽。有小孩在螃蟹钳伤之后再也不肯吃螃蟹。至于心上人烤焦了的牛扒照样吃得十分滋味，也有人千方百计要吃一碗猪油拌焦面的粗食，为的是追忆童年往事。《红楼梦》里面的秦钟和宝玉，争着要喝小尼姑智能儿倒的茶，智能儿于是抿嘴笑道：“一碗茶也争，我难道手里有蜜？”这就是吃的心理因素。

《水浒传》第二十三回里面，开茶坊的王婆替西门庆和潘金莲做淫媒，用茶招呼西门庆。那茶也是心理茶。王婆利用各式茶汤的名称来作暗示和联想，好一力把潘金莲勾引过来，替西门庆完成好事。王婆第一次招呼西门庆，只道：“大官人，吃个梅汤？”西门庆道：“最好多加些酸。”西门庆慢慢地吃了，盏托放在桌子上。西门庆道：“王干娘，你这梅汤做得好，有多少在屋里？”王婆笑道：“老身做了一世媒，那讨一个在屋里？”

这是借一碗酸梅汤来一场心理游戏捉迷藏，互相探索心事，在“梅”和“媒”上头语带双关。

心理游戏

第二次西门庆再上茶坊，王婆却请他吃个和合汤。这一次西门庆却说：“最好，干娘放甜些。”这里的“和合”指的自然是男欢女爱，含义至为露骨。次日清早西门庆又往茶坊，一径奔了入来。王婆只做看不见，只顾在茶局里煽风炉子，不出来问茶。这当然也是玩心理游戏。西门庆只得叫道：“干娘，上两盏茶来。”王婆便浓浓地点两盏姜茶来，放在桌子上。会评本中这里有双行夹批曰：“此非隐语，乃是百忙中点出时节来。夫姜茶所以破晓寒也。”也有人说姜热性味辣，王婆是在这里暗示西门庆要打铁趁热，要心狠手辣。但这里浓浓的姜汤也有催情的意味。

西门庆再一次踅入茶坊之时，王婆请他吃“宽煎叶儿茶”。这就是宽其思念潘金莲之煎熬。王婆是在说：“你和她的好事近了，宽心可也。”

饮食论阴阳

“来个蜜汁火方，怎样？”

“这是女人吃的东西。”

咦，菜式也分男女？把金华火腿切成巧致的方块，和新鲜莲子一起蒸至酥透，再浇上蜜糖，便成这一道蜜汁火方。话可得分开来说，菜式大约也可以分成男性和女性两大类。粗豪的蒙古烤肉和羊肉火锅，列为男性食物，大概可以成立。至于芙蓉鸡片和干贝绣球这一类讲究外形和手工的精品，称之女性菜式大约也无人反对。这里的女性、男性纯是一种食品风格的分类，并无孰优孰劣的批判意味。而且女性食品男人吃得，男性食品女人更加可以品尝，谁也没有辱没了谁。不过是个人口味的选择罢了。

如要再进一步细分，同样是面食，馒头属男性，花卷便属女性，与蒜头共吃的山东饺子具阳刚气，广东鲜虾云吞则别有一种娇媚风神。这个㸆大虾配葱段姜片，色泽红润光亮，完全叫人联想到太阳；那个清炒虾仁，用烧酒荤油炒成之后呈略带粉红的颜色，泛露柔光，一般幽香，自是一番太阴意境。

异中有同

《易系辞》曰："易有太极，是生两仪，两仪生四象，四象生八卦。"一片混沌之中一旦分出阴阳两极，便渐渐地衍生为宇宙万物。天地间的一切，走不出阴阳之二分，菜式自然也无例外。这敢情不坏，只可是有时候却又未必分得太清。

《红楼梦》第三十一回里面，有一段史湘云和丫环翠缕论阴阳，便说得有趣。湘云道："'阴''阳'两个字还只是一个字，阳尽了就成阴，阴尽了就成阳，不是阴尽了又有个阳生出来，阳尽了又有个阴生出来。"湘云继续解释："阴阳可有什么样儿，不过是个气，器物赋了成形。比如天是阳，地就是阴；水是阴，火就是阳；日是阳，月就是阴。"湘云的基本理论还是来自《易经》；阴阳本是一体，异中有同，正如太极图里面的阳中有一点阴，阴中又有一点阳。湘云还说一片叶儿也分阴阳："那边向上朝阳的便是阳，这边背阴覆下的便是阴。"翠缕听得出神，不禁浮想联翩，议论起人的阴阳来了："姑娘是阳，我就是阴。"惹得湘云拿手帕子掩着嘴呵呵地笑起来。翠缕道："人家说主子为阳，奴才为阴。我连这个大道理也不懂得？"湘云笑道："你很懂得。"

民族宇宙观

翠缕说湘云是阳，讨得湘云的欢心，其实是有深一层的心理因素的。只因为在《红楼梦》中的众多女孩之中，独湘云别具一种男孩性格，比探春尤甚："幸生来英豪阔大宽宏量，从未将女儿私情略萦心上。"至于宝玉呢，却曾被人误会他是个女孩，连贾母有一次也笑说莫非他是个丫头托生的。说笑是说笑，也有几分道理。湘云和宝玉这一对，又正好说明阴中有阳，阳中有阴，阴阳本属一体的自然现象。

法国语文把名词分男性、女性，虽然是属于文法的范畴，倒也符合了中国的阴阳学说。最明显的例子的太阳（le soleil）属男性，月亮（la lune）属女性，和中国的太阳太阴不谋而合。在弗朗索瓦·特吕弗（François Truffaut）的《朱尔与吉姆》（*Jules et Jim*, 1961）里面，朱尔说出了语文之间的差别："你会发觉，同样的字在不同的语文里面有不同的意义，因为这些字有不同的性属。在德文里面，战争、死亡、月亮全是阳性，而太阳和爱情却是阴性。生命是中性的。"

同样的太阳和月亮，在不同的语文中却有了不同的性属，这其间当然还牵涉到各民族的宇宙观，但亦同时说明阴、阳之分总带有主观的色彩，有时候很难分得太清。

阴阳配合得宜

咸味属阳，苦味属阴，但有道是“咸得发苦”，可见咸、苦二味实相生相连。酸是阴，甜是阳；一只苹果由酸变甜是渐进式的成熟过程。雨水和阳光充足，果子自然由酸变甜。而甜中带酸的苹果特别醒胃，阴阳配合得宜，舌头尤其受用。贝多芬的《命运交响曲》多么雄浑，但他照样写出了《月光曲》；莫扎特的小夜曲柔情万种，但《魔笛》中的奥西里斯咏叹调大气磅礴，完全是属于太阳的灿烂金黄。列夫·托尔斯泰（Leo Tolstoy）描写战争场面的千军万马，力透纸背，但是他绘画少女的恋爱心境，细腻得叫人以为出自女性手笔。《红楼梦》自是女性文学，月亮风神，但是那段焦大醉骂看得人惊心动魄，含义如同正午的太阳一泻无遗。《水浒传》里的大碗酒、大块肉当然是男性侠义世界的写照，而《红楼梦》里的莲叶羹、女儿茶自是一派怡红品格，流露了“女孩是水做的”清洁和妩媚。即使如此，大观园中偶然也会来一次粗豪的烤鹿肉宴。值得留意的是这一次吃得最起劲的正是史湘云。林黛玉因湘云等人在芦雪庵吃烤鹿肉，把这清静之地作践了，便笑说：“我为芦雪庵一大哭。”湘云却冷笑道：“你知道什么。是真名士自风流，你们都是假清高，最可厌的。我们这会子腥的膻的大吃大嚼，回来却是锦心绣口。”

即使是食具，亦可分阴阳。例如说，茶壶的壶嘴伸出供给，茶杯凹陷承受，一阳一阴，明显不过。洋人的餐具亦可如是观之。餐刀锋利，具攻击性，分明是个雄性；而调羹线条流丽，只作温柔的盛载和运送，担任了女性分内的职务。独独是这个叉子，尖尖的牙齿如刀，身子弯弯的又似调羹，正是雌雄莫辨，身份未明，耐人寻味之至。

牙签显风度

八月头里约了曼哈顿麦迪逊大道的一位善本书商，去看他藏的法国版画书。那位霍士先生很随和，价值连城的达利（Salvador Dalí）和乔治·巴比尔（George Barbier）都摊放了出来，我就盘膝坐在地板上翻阅。霍士先生对二三十年代法国版画书的掌故如数家珍，我一边看一边和他闲聊，增广见闻。末了他去办公室吃饭去了，留下我一个人看书。我在那里磨了三个小时，离开之前购置了 George Barbier 绘图的《危险关系》（*Les Liaisons Dangereuses*）。

无心之得

告别霍士先生，走出街外，见天色晴和，便沿街逛了起来，不知不觉行至一家清幽的精品礼物店。女店主一见我便问："你可忙着？"我回说："我是无事忙，在做一点 serendipity shopping（随缘购物）而已。"女店主呵呵笑了。我看店内陈展之茶具银器，口味不算别致。那些贝母银调羹设计平平，且都起了黑点。我问她可有任何以蜻蜓为题材的玩意儿。她说真不巧，前两天还有一只两英寸长的手做五彩玻璃蜻蜓。我又问她可有牙签筒。她先是一呆，然后走往店后，半天才出来，手中拿着一只小麻布袋子，说："牙签筒没有，你看看这个如何？"打开一看，原来是五十来支顶端饰有小贝壳的木牙签，真亏想得出来。我买回家把那描金的黑瓷牙签筒插得满满的，看上去倒也有趣。正是：

麦迪逊有心求善本
精品店无意得巧签

牙签芥豆之微，谁会特意出外上街购买？只有莎翁的喜剧《无事生非》（*Much Ado About Nothing*, 1623）里面的斐尼狄克为了表示对亲王忠心，说他愿意到世界的尽头去，为亲王当最琐碎的差使，其中包括给他"从亚洲最远的边界上拿根牙签回来"。小题大做有时候也并非完全没有因由。还真的有人用肉桂香味的牙签用上了瘾，不得一日无此君。碰到这只特别牌子的牙签断了市，便失魂落魄地上网寻找，不惜重金速邮订购。

《牛津英文大字典》给牙签的定义是："剔牙工具，通常是削尖了的翎管或小木片，有时候用金、银，或其他材料做成。"这是从纯粹的实用主义观点着眼。说是工具，倒叫人想起一句老话："工欲善其事，必先利其器。”所以广东人劝人“洗干净个萝柚去坐监[①]”“整靓棚牙去咬人[②]”。

生花妙笔充牙签

棚牙要整靓，除了用牙刷之外，少不免要出动牙签。牙签倒不一定是餐后的清洁工具。日常和人应对而必须备有的伶牙俐齿，还一样得依靠一根牙签去打磨。《怨女》（1966）里面的三爷已经拖欠了巨大的公账，还是老着脸皮缠着账房老朱先生打秋风。老朱先生被缠得没办法了，“……直摇头，在藤椅上撅断一小片藤子剔牙齿。‘三爷这不是要我的好看？老太太说了，不先请过示谁也不许支。’”老朱先生又不是刚刚吃过饭，他用即兴的藤子牙签剔牙，其实正是另类的磨拳擦掌，好用说话去对付那位借钱老手的三爷。

英国文豪查尔斯·狄更斯（Charles Dickens）的小说《老古玩店》（*Old Curiosity Shop*, 1841）里面的乍莱太太举办蜡像巡回展，她所认识的一位潦倒诗人便前来找她，建议她写点宣传诗句，吸引观众前来观看蜡像展览。乍莱太太嫌诗人的润笔费太高，诗人便“拿起铅笔作牙签剔着牙，说：‘五个先令，比一篇散文还要便宜呢。’”用铅笔剔牙当然有欠卫生，但这是狄更斯的神来

① 洗干净个萝柚去坐监，粤语，意思是“洗干净屁股去坐牢”。
② 整靓棚牙去咬人，粤语，意思是“把牙齿整漂亮去咬人”。

之笔，因为诗人用他的创作工具来磨利牙齿和乍莱太太谈生意，可谓一物二用，写诗不忘赚钱。

《金瓶梅》里面经常出现的三事挑牙儿，用金或银打成，男的拴在汗巾儿上，女的当钮扣搽在衣领上。往往是身份和气派的象征。狄更斯小说里面的绅士和人交谈，动不动便使出金牙签银牙签，也是一种摆架子的姿态。但是做牙签的材料除了金属和木质之外，还可以是翎管。这一点《牛津英文大字典》已经提过了。

男人的自信

狄更斯的小说《雾都孤儿》（*Oliver Twist*, 1839）里面，就出现过一根翎管牙签。老妇人临终之时，有教区药剂师学徒站在炉子旁边，用一根翎羽在做牙签。做妥了之后，还好好在火炉前用了这牙签达十分钟之久。据说翎管牙签由法国人 Soyez 在 1832 年发明，非常耐用，闲闲地可以用两三年。

电影《邦尼和克莱德》（*Bonnie and Clyde*, 1967）里面的 Clyde 和 Bonnie 初次相识，便在她面前露出枪械。Bonnie 不禁好奇地上前抚摸，而 Clyde 口边的一根火柴便得意洋洋地上下跳动。这根没由来的火柴分明是另类牙签，在这时刻出现，不为别的，就是要表现出 Clyde 的自豪自得。

《音乐之声》（*The Sound of Music*, 1965）的原著《The Story of the Trapp Family Singers（崔普家庭演唱

团）》（1949）里面，见习修女玛利亚离开修道院，乘巴士前往 Baron von Trapp 家中当保姆。玛利亚一直有留意那位司机口中的那根牙签。他能够将那根牙签上下左右摆动，并且可以谈吐自若、口沫横飞，而口中的牙签始终安然无恙，绝无跌落的危险。玛利亚初出修道院踏入这大千世界，给她印象最深的竟是这一支牙签，亦可谓耐人寻味——那是一种男性的自信和风度，或许带点诙谐意味，却始终具有吸引力。

小题大做牙签筒

这世界早已成了烂摊子，但总不成以此为懒散的借口，吃饭之前还得抖擞精神把一张饭桌经营出一片井井有条的小天地：饭有饭碗，菜有菜碟，箸有箸托，匙有匙座。坐在桌前只见万物各得其所，也就能够把一顿饭吃得口腹受用、心身舒泰。

懒人讲哲学

伍迪·艾伦（Woody Allen）电影中的小男孩闷坐家中不肯做功课，完全不理会父母的劝告，再三追问之后才说："地球正在一天一天地缩小，我的功课做来于事何补？"这论调等于是："做人反正到头来难逃一死，不做也罢。"这不过是哲学化的偷懒，归根究柢还是放任和堕落。

正因为面对破坏和灾难，更加要奋力战斗。意大利作家普里莫·莱维（Primo Levi）记述他在集中营中的生活有如人间地狱，朝不保夕，三餐不继，但是他还是千方百计地活下去了。因为他发现他的营伴每天总会找个机会去洗澡，在这肮脏之地还是坚持把自己的肉身保持清洁，似乎十分荒谬，但营伴解释道："我这样做正是对虐待我们的纳粹盖世太保做出无声抗议。他们越是不把我当人看待，我越是要振作活得像一个人。我每天这样洗澡正是保持头脑清醒和斗志坚强的方法。"

要懒散是多么的容易，理由俯拾即是：今天精神欠佳，最近心情不好，老板态度恶劣，同事不肯支持，做人终归要死；而振作的理由永远只有一个：不为什么，就因为自己喜欢。《战争与和平》（*War and Peace*, 1869）里面的彼埃尔答应了好友安德烈不再去找猪朋狗友过胡闹放任的生活，但是一到夜里却又身不由己地寻快活去了，并且这样向自己交代："所谓诺言和忠信，不过是空泛的名词罢了。说不定明天自己就死了，又或者有大灾难临头，一切名誉忠信都变得毫不相干！"彼埃尔经常以这样的思路来把自己做出的决定一笔勾销，真是倒也方便得很。

向悲剧说不

其实大灾难早就已经发生了。倒不必等第三次世界大战或者禽流感。从天地初开就是个烂摊子。《查泰莱夫人的情人》（*Lady Chatterley's Lover*, 1928）开首便宣称："我们根本就生在一个悲剧时代里，因此我们拒绝以悲剧的态度处之。大灾难已经发生了。我们正陷于废墟之中，我们开始怀着细小的希望，去进行细小的建设。工作不易为，前路并不平坦，我们得绕道而行，又或者攀越障碍。我们总得活下去，不管天翻地覆。”

父亲九十三岁，但头脑之清醒、思路之明确，令人咋舌。家中轮到是谁的生日了，还是由他来提醒我。古董表、洋大头放在房中哪一个抽屉里，他记得一清二楚、分毫不爽。谈话时理路分明，时露幽默灵光。当然他还喜欢说故事，音调抑扬，富戏剧性。他说：“有一次不小心把一大盒牙签打翻，散满了一张桌子。一时火起，只打算把牙签通通扫到垃圾桶里面去。但是回心一想：看看到底你狠还是我狠。我偏偏要和你斗一斗。于是乎坐了下来，耐着性子把牙签一根一根捡了起来，全部圆头尖尾顺着一个方向排列妥当。把最后一根牙签也顺好了的时候，登时神清气爽，仿佛打了一次胜仗。”

牙签的情趣

茶楼分两种，有牙签和没有牙签的。讲究一点的茶楼，每张桌子除了有芥酱瓶子之外，还有小小一个插满牙签的牙签筒。喝茶的当儿茶客可以把这些牙签拿来当作消遣。我喜欢把五根牙签从当中对折，尖端对尖端拼合成一朵菊花形状，然后在当中放一滴茶，慢慢地菊花就散成一颗星星；小朋友看了很觉新鲜，也要试着玩。茶楼伙计看见了自然老大不高兴。牙签还可以用来做各种拼图几何益智游戏。茶楼老板大约看了认为太浪费，也就取消了餐桌上的牙签，改为在账台处放一只机械乌鸦。茶客付账之后，按一下乌鸦头，乌鸦便会衔出一支牙签来，既保险卫生，又避免浪费。

牙签筒如今不怎么流行了。但老派人家说不定还会藏有骨瓷、玻璃，甚至景泰蓝的巧致牙签筒。一张整齐的饭桌上除了放妥当有条不紊的碗筷调羹之外，还得在桌中央放一只巧致的牙签筒，才算是功德圆满，在这混乱的世界之中整理出一个小小的秩序来。

关于牙签的二三事

饮宴完毕离坐的那一刻，我往往会变得沉默。倒不是因为“千里搭长棚”这句老话而引起了曲终人散、生命无常的感触，而是因为牙签的联想。在大红乳猪、蟠龙大鳝和红烧大群翅的热闹繁华之后，杯碟狼藉，筷子横陈，调羹覆舟；此其时也，那小巧的牙签便悄然登场，在口腔内往还清理，灵活如同鳄鱼嘴内的埃及鸻鸟，并且事后在齿颊间留下了一点薄荷或肉桂的清香，余音袅袅，回味无穷。

落泊书生臭牙签

鸻鸟和鳄鱼之间那互惠互利的共生关系实在是强弱相处的最佳榜样。小小的鸻鸟可以肆无忌惮地在鳄鱼身上找得滋养生命的食粮，而鳄鱼口中的残余肉屑和身上的寄生虫亦因此得以消除。鸻鸟的别名就叫牙签。只可惜真正的牙签却没有鸻鸟的幸运。好端端一条清清白白的柳木，在完成任务之后壮烈牺牲，变为脏臭的废物，只好丢往垃圾桶内。

《牡丹亭》里面的腐儒陈最良赴乡试不第，转为郎中，自嘲为“儒变医，菜变齑”，每况愈下，鲜菜成为腌菜了。后来应杜太爷之邀，前往当杜丽娘的先生，又再自嘲曰：“砚水漱净口，去承官饭溲，剔牙杖敢黄齑臭。”总不脱其穷酸落泊口吻，把自己比作一条沾满腌菜臭味的牙签。

牙签本是极巧之物，为什么会称作剔牙杖？《乡言解颐》内说：“牙签，又谓之牙杖，特不能扶危耳。”意思是又不能扶持行动不稳的老人，怎么就称作“杖”呢？我想称牙签作杖，是叫我们别以貌取人，不要被虚幻的外表大小蒙骗了。藏在孙悟空耳内的金针，原是叫群魔丧胆的金刚棒。小小一根牙签，在适当时机自会发挥无穷威力，连齿间最隐蔽的污垢也能一举成擒。葛洪的《抱朴子》里面如是说：“擿齿则松樌不及一寸之筳，挑耳则栋梁不如鹪鹩之羽。”《伊索寓言》里的小鼠把罗网咬破，救出巨狮，是另一个比较显浅的说明例子。

《乡言解颐》里面还有一则牙签的笑话：“世有己无罅隙之时，但笑人之寻罅隙，至己有漏空处，而亦不能不寻者，牙签是也。”世人只会挑别人的错失疏漏，而唯一挑自己疏漏的时候是用牙签剔自己的牙齿缝。

三事挑牙藏情色

《金瓶梅》里面的韩道国找应伯爵，谁知应伯爵在何金蟾儿家吃酒，“吃得脸红红的，帽檐上插着剔牙杖儿”。可见是饮饱食醉，牙签用完还舍不得丢掉，顺手往帽边一插，留为后用。虽然可以称之为惜物，到底不卫生。这还只是木牙签，另外还有更精致的金牙签、银牙签。《醒世姻缘传》里面，有“汗巾头上还系一副乌银挑牙，一个香袋”。这乌银挑牙（即银牙签）除了实用之外，也是一种佩戴装饰。

在《金瓶梅》第五十九回中，爱月儿陪西门庆吃酒，“先是西门庆向袖中取出白绫双栏子汗巾儿，上头拴着三事挑牙儿，一头束着金穿心盒儿。郑爱月儿只道是香茶，便要打开。西门庆道：‘不是香茶，是我逐日吃的补药。我的香茶不放在这里面，只用纸包儿包着。’于是袖中取得一包香茶桂花饼儿递与她。那月儿不信，还伸手往他这边袖子里掏，又掏出个紫绉纱汗巾儿，上拴着一副拣金挑牙儿，拿在手中观看，甚是可爱”。

这里的三事挑牙儿用金或银打成，所谓三事，除了挑牙儿（牙签）之外，还有耳挖和镊子，系在汗巾子上，随身携带，往往又是现成的贴身定情信物。在《金瓶梅》第二十八回中，陈经济向潘金莲要一件物事儿，潘金莲“于是向袖中取出一方细撮穗白绫挑线莺莺烧夜香汗巾儿，上面连银三字儿都掠与他”。这里的“三字儿”即是“三事儿”。

色字头上一把刀

张爱玲短篇小说《金锁记》里面的七巧嫁给患了骨

痨的丈夫，虽然也养下一子一女，到底还是有不足为外人道的怨，而且又恋着小叔子季泽。这一天，七巧和季泽公然调笑，季泽的妻子兰仙也夹在当中，“七巧长长的吁了一口气，只管拨弄兰仙衣襟上扣着的金三事儿和钥匙”。张爱玲熟读《金瓶梅》，当然知道这金三事儿和情色相关。这样一来，七巧的拨弄里面就有非常丰富的内容了。像《金瓶梅》的第十九回里面，西门庆和春梅调情，“妇人一面摘下摞领子的金三事儿来，用口咬着，摊开罗衫……”摞，就是把饰物缝缀在衣服上面，而摞在衣领上的金三事儿就成了精致的钮扣。

《红楼梦》第二十八回里面的王熙凤，“蹬着门槛子拿耳挖子剔牙，看着十来个小厮们挪花盆呢”。一笔白描就勾勒出当家少奶奶的恶气。狄更斯的《双城记》（*A Tale of Two Cities*, 1859）里面的得伐石太太后来是法国大革命的中坚分子。她初次出场坐在酒铺里面，“面前放着编织物，但是她并不编织，正在用一支牙签剔牙齿。当她的家主公进来的时候，她仍然用左手托着右手肘剔牙齿，并不说话，只是轻轻地咳了一声。这一声咳嗽，连带着在牙签之上的那阴险的黑眉毛的微微一扬，暗示丈夫留神突如其来的陌生人”。也是借一支牙签来衬托出人物的杀气。

阿尔弗雷德·希区柯克（Alfred Hitchcock）电影《狂凶记》（*Frenzy*, 1972）里的变态色魔果商，在奸杀女人之前咬吃青苹果，事后又若无其事地把苹果吃完，然后把领带上的别针拿下来剔牙。那是色情和杀气兼备的一支牙签。

吃人的悲喜剧

大国攻打弱小的邻国，是谓将之并吞。商场中的大机构收购小机构，可以比作大鱼吃小鱼。即使是人与人之间的微型权力斗争，照样可以用吃来概括。《红楼梦》里面的探春感叹大家庭里面的成员互相倾轧：“咱们倒是一家子亲骨肉呢，一个个不像乌眼鸡，恨不得你吃了我，我吃了你。”仿佛吃是最终极的征服、最彻底的毁灭，也是打败敌人成全自己的最佳方法。连棋戏也逃不掉吃与被吃的规则。闻说有一次小太监陪慈禧下棋，替她解闷，举棋之际不过说了一句“奴才吃太后一只马”，惹得慈禧大怒道：“我杀你全家！”多半是因为慈禧一生在权力斗争中过日子，深切体会不吃人则被人吃的原始法则，而小太监无意间说的一个“吃”字，竟触动了她内心的恐惧，惹得她大动肝火。

血淋淋的“童话”

希腊神话说来不外是一部血淋淋的人类犯罪史。天神克洛诺斯（Kronos）为了防止儿子作反，索性张开血盆大口把亲生骨肉吞进肚子里去。别以为童话世界就天真单纯，单只是一则《白雪公主》也看得人惊心动魄。里面的皇后和白雪公主何尝不是母女关系，但皇后因为妒忌，照样要将白雪公主置于死地，命令猎人把她带到树林杀掉，把她肝肺挖了出来作为证物。猎人动了恻隐之心，将白雪公主放走，用山猪的肝肺作为代替。“恶毒的皇后命令厨师将肝和肺加上盐，做成一道菜，自己吃掉了。她一直以为那就是白雪公主的肝和肺。”

当然还有现实世界里的人吃人的故事。在饥荒的日子里，无奈的父母只得想出易子而吃的下策。果然动物世界里的白昼和黑夜，忙的不外是互相吞吃的勾当。老虎捕吃小鹿固然捕吃得理所当然，麻木不仁。猫儿狗儿一时慌乱，也照样吞吃亲生骨肉。雌性螳螂趁雄性螳螂还是在交尾之际，便一头把雄性螳螂吃掉。这叫人震动的昆虫世界现象，借来比喻某些人类世界的夫妻关系，也很贴切。

就连《圣经·旧约》里的《诗篇》第一二四篇，也借用吃来比喻选民和敌人的关系：

若不是上主保佑我们，
唯愿以色列子民再说：
若不是上主保佑我们，
当世人起来攻击我们，
并向我们发泄怒火时，
必会将我们活活吞食。

写泪不如写笑

凡此种种，细想能使人精神错乱。做人没有一点幽默感是不成的。同样一件事，却可以换一个看法。《巨人传》（*Gargantua and Pantagruel*, 1545）的作者弗朗索瓦·拉伯雷（François Rabelais）在卷首的题诗申明写书的目的不外是提供笑料，替读者诸君解解闷：

眼看你们这般忧伤憔悴，
我心里选不出别的题材，
与其写泪，还是写笑的好，
因为笑原是人类的特性。

《巨人传》的巨人卡冈都亚打败了敌人凯旋，拜会父王大肚量。大肚量老怀大慰，设宴为王儿接风，恰巧卡冈都亚口渴，只想吃萵苣，便往后园把长得和李树和胡桃树一般高大的萵苣摘下。谁知萵苣里躲藏了六位朝圣香客，却又不敢出来，怕被误认为奸细而遭杀害。结果卡冈都亚把他们连同萵苣一同放入木盘，拌上细盐油醋，调成一道沙律，吃将起来，连带把六位朝圣香客也吃了。

朝圣香客被困在牢狱一般的口中，尽力避开白齿的巨磨。卡冈都亚喝葡萄酒，那酒的洪流便把他们直带到胃脏的入口，幸亏他们躲在牙齿边缘的安全地带。其后一位朝圣香客的木杖碰着了蛀牙。巨人痛不可当，把他们吐了出来。他们在葡萄园中逃跑的当儿，巨人撒了一泡洪水滔滔的尿，差点没把他们淹死。半路上又跌入捕狼陷阱，结果也成功地逃出生天。

拿《圣经》开玩笑

却原来这一段巨人吞吃朝圣香客的漫画式故事，套用的正是《诗篇》第一二四篇。其中一位朝圣香客还说诗篇早就预言了他们的灾难。诗篇中说的敌人如同“淹没我们的水祸，流过我们颈项的洪波”，指的就是巨人喝酒；敌人“又像汹涌澎湃的狂浪，早已将我们淹没灭亡”，指的就是巨人撒尿截断去路；而“我们像挣脱罗网的小鸟”，自然是指他们跌入陷阱，而又逃出的经历。

拉伯雷胆敢把神圣不可侵犯的诗篇拿来开玩笑，自然是因为要向压迫人性的教会对抗。而同时，以嬉笑的态度来看待灾难和残酷的事实，也是保持头脑清醒的良方。

快活出恭

人生天地之间，先求进食与出恭一路通畅，再论其他。这是我在病中静养之时体会出来的颠扑不破的真理。谁也没有告诉过我原来手术之后的一大问题是便秘。手术后第三天一泡屎瓜熟蒂待落，半空岌岌可危地悬着，把人急得如同热锅上的蚂蚁。此其时也，一切爱情名誉成就烦恼尽皆成为身外物，只有这一泡屎和自己息息相关。一番殊死战之后总算壮烈完成大举，整个人登时神清气爽，连太阳也跑进屋子里来了。

神圣的屎

灵魂本来就寄居在肉体之内。肉体不适，灵魂也就受到困扰。基督教新教路德宗的始创人马丁·路德曾将世界比作肛门，他就是藏在肛门的一泡屎。他的意思是：这世界和他格格不入，恨不得把他除之而后快。出动了这样极端的比喻，可见憎之深恨之切。基于同一理由，他也把魔鬼比作他体内的粪便，挥之不去，使他精神极度困惑痛苦。在1521年，马丁·路德饱受便秘之苦，奋力挣扎了四五天之后，才成功地把粪便排出。（详见《马丁·路德全集》第48集，1963年英译本，217、219页。）他本人便是在马桶上悟出了神的正义和慈悲。人天生有罪，神便自当依他的正义处罚人。但人既是罪人，根本无法自救，神便依他的慈悲去救人。基督教的“因信称义”，就是说：“人单凭一己的意志去做尽好事也于事无补，依然是不得超生的罪人。人的得救全在神的慈悲和恩典。他只有信赖神。”

一个人坐在水厕上出尽九牛二虎之力也没有用处，那泡屎硬是拉不出来。然后，到了命定时刻，仿似骤然降临的天赐神恩：它自己出来了。一个人如果身康体健，到时限刻便能顺利排泄，但自己总得主动上厕所。出恭之所以神妙莫测，是因为既似主动，又似被动。自己想出恭，而大恭竟又果然出之如也；那是人力和天意的机缘巧合。那光辉灿烂的一刻，只觉一阵畅快贯穿了肉身与精神，世界原来是这样的明净温柔。

张爱玲说过在写散文的时候作者和读者依然保持一段距离，只有小说可以完全没有私隐。《红玫瑰与白玫瑰》连烟鹂得了便秘症的话也写出来了。烟鹂每天在浴室里一坐坐上几个钟头。名正言顺地不做事、不说话、不思想，只顾低头看自己雪白的肚子和式样变化的肚脐眼。在许多年之后张子静才在《我的姊姊张爱玲》（1996）里面泄漏了天机：“姊姊的健康情况比我好，没生过什么大病。但她有个毛病是我没有的，就是便秘。”

张子静解释说那可能是她偏食和情绪受了影响，严重的时候要灌肠："每次灌肠，都是如临大敌，非常紧张。"张爱玲自己也曾将思路闭塞、创作失灵的困境比作大脑便秘。她又曾经向水晶[①]透露，当她完成一篇小说之后，会感到狂喜。这狂喜当然也就是思路方面的通畅无阻，如同大便。

艺术的屎

很多年前我在无线电视台创作部的厕所墙上看见这样的涂鸦：万事起头难，慢慢来。真是一语双关地道着了出恭和创作的窍门。法国一代能诗能画能导演的艺术家让·科克多在接见美国音乐家内德·罗伦（Ned Rorem）的时候就说过："我拍《奥菲尔斯》（*Orpheus*）一片，就好像拉了一次屎。"艺术的创作是一场挣扎，是完成，但也是净化的过程。精神上的困苦和忧郁莫可名状，然后结晶成一件作品，掷向世界，给人欣赏，却原来那是一泡米田共。艺术家自己倒解脱自由了，因为他的困苦和忧郁已经成为身外物，可以完全置诸度外、笑骂由人。因此那些着意别人批评的艺术家根本还没有弄清楚创作的真谛。广东儿歌咏米田共曰："阿妈生我唔要我，扰

① 水晶，原名杨沂，大学教授、作家，专长现代文学、比较文学、现代小说、英美文学，是著名的"张迷"。

我落街俾人踩，我唔闹人人闹我[①]。”随他骂去，关人个关[②]。

神童音乐家莫扎特写的音乐超凡入圣，而他本人家常说话却屎尿齐飞、粗口烂舌。他出外旅游，给家人写的书信里也经常提及自己的大小二便。照弗洛伊德（Sigmund Freud）的说法：婴孩幼儿也有性的愉悦，但只限于排泄的畅快。及长，才知道性的欢乐还有其他。如此看来，莫扎特的心理发展始终停留在孩童阶段，而他的音乐也具有奇异的天真和欢愉。而我相信，莫扎特音乐的流丽明快，正好反映了他本人大便畅通、身体健康的状态。他的死敌萨列里作起曲来就似通非通，因此有一次他即席在钢琴上修改萨列里的曲子：“那样不妥，不如改成这样……”然后便随手弹出叮叮咚咚的五音十二律，灵动而又舒畅，仿佛在替患了便秘的萨列里通便。莫扎特在家书中云：“我们离家已经一个星期有多，我的屎可是日日有得屙。”果真是神所钟爱的骄子，得天独厚，天才横溢，大便畅通。

生命之源屎尿屁

我等凡夫俗子还得刻苦谨慎，小心饮食。多吃蔬菜

---

① 阿妈生我唔要我，扰我落街俾人踩，我唔闹人人闹我，粤语，意思是“妈妈生我不要我，丢我在街上被人踩，我不骂人人骂我”。

② 随他骂去，关人个关，粤语，意思是“随便别人骂，没什么关系（无所谓）”。

纤维，少吃肥腻肉类，而且不可吃得过量，只能惨淡经营，务求拉出不过不失、无苦无痛的一泡米田共。

“食饭食得多，屙屎屙成箩；屙尿冲大海，屙屁打响锣。”这一首广东童谣洋溢着肉身的愉悦和强大的生命力，但只适用于天生异禀的艺术巨人和创作天才。法国小说《巨人传》里面的巨人之友巴汝奇从土耳其人手中逃出生天，又眼见敌人城门失火，不禁“高兴得不可开交，差点儿拉了一裤裆快活屎”。《巨人传》果然是一部快活的屎尿屁之作。小巨人卡冈都亚放屁也像放大炮。长大之后游巴黎的圣母院，惹来途人围观。于是卡冈都亚决定给这些瘪三送一份见面礼：“且给他们点儿淡酒喝喝，开开玩笑。”于是满脸含笑，解开华丽裤裆，掏出家伙，一泡尿冲死了二十六万零四百一十八人，妇女与小孩还不在此数。这样的玩笑也只有巨人开得起。

出恭入敬大循环

进食与出恭，本来就是息息相关的一大循环。蔬果稻麦吃入腹中，养分为肠胃吸收，渣滓化作粪便排出体外，再由专人收集粪池之内；待过了一段时日，浮升面上的粪清便成上佳之肥料，能再次培植出鲜美丰盛的蔬果稻麦；如此类推，周而复始，循环不息。

只论进食，不提出恭，有如结婚不生子，总教人怔忡不安，仿佛下楼梯岔了脚落了空。无名氏在《沉思试验》（1948）中提到一个人庄严地宣称自己最大的本领是拉屎，因为“许多人拉屎，很少把屁股拭干净，臭气薰人，因而把世界弄得像一个厕所。我呢，是众人中唯一能把屁股拭干净的人！”

这未免有点夸大其词。起码法国小说《巨人传》中的巨人卡冈都亚便也懂得揩擦屁股之道，并作有回旋韵一首：

出恭事情在前天，
忽悟私处未纳捐，

无奈秽气太猛烈，
难免弄得一身臭。
盼甚君子行方便，
邀来佳人伴陪我
出恭。

《世说新语》中的《汰侈》以石崇为例，他家中的厕所，经常有十多个婢女列队侍候客人，全部都穿着华丽，打扮讲究。至于这十多个婢女如何侍候客人如厕，则没有详细地作再进一步的说明。英国的暴君亨利八世有贴身的厕所仆人，是个男生，则规定要用手来揩抹亨利八世的御股，堪称位极人臣。

《世说新语》还提过一位王敦，是个驸马爷。刚娶了公主之时，初上厕所，看见了箱子内的干枣，本来是用来堵鼻孔去臭味用的，王敦却把枣子吃个精光。如厕后有女仆端上金盆琉璃碗，金盆内是洗手水，琉璃碗中是洗手豆，王敦也将洗手豆倒入洗手水中一饮而尽，女仆无不掩口失笑。

古罗马的公厕备有海绵或雪条棍形状的木条，用完之后放回一桶盐水里，留给下一位朝香客使用。巨人卡冈都亚说他自己用过一位姑娘的丝绒围巾来揩屁股，却并非大话西游。在还没有厕纸的年代，出恭的善后工具贫富有别。富人可以真的用丝绒、羊毛、麻布等各式柔软质料，而穷人则用烂布、刨花、树叶、野草、石头、细沙、河水、白雪、果皮、贝壳，总得因利就便，随遇而安，碰到什么便用什么，必要时甚至动用自己的手。

自从有了厕纸之后，渐渐地品牌林立，种类层出不穷，甚至有名牌厕面世。有才女因家中菲佣盗用她专诚从国外订购的厕纸而大为不悦。正是：主仆分尊卑，厕纸分贵贱。更有厕纸出品商大吹大擂，说什么厕纸的质地优良，如同脸纸。这真是思想的混乱。本来脸孔和屁股同属人体，虽然品格等同，功能却各异。细论起来，屁股还要比脸孔娇嫩一些，这样把厕纸比作脸纸，脸孔或许会认为受了侮辱，屁股却不觉得是恭维。

倒是美国早期的一种厕纸，有如此一本正经的说明："本产品是同类中最优秀的，用最高品质未经漂白的纸浆做成，经闪耀的山溪漂洗，不含杂质，颜色天然，柔软、舒适、卫生，吸收力强，入水溶化。"简直诗情画意，字字道中要害，且安分守己地做自身的工作，没有沾脸孔的光。

厕纸自然以质地柔软、颜色纯白为正宗。但也有出品商出绰头弄花样，出品粉彩系列厕纸。这也无不可，但如今甚至有一种纯黑的厕纸，则近乎标奇立异、走火入魔，购买的人也不知是什么心思，除非拉的是金屎，又或者是作为收藏品。也有厕纸上印有各种图案花朵装饰，甚至压出浮凸的图形，仿佛是明朝十竹斋木版水印花笺。至于香水厕纸，则是欲盖弥彰、自相矛盾。更有幽默感特异的商人把布什印在厕纸上，真是情何以堪。

这叫人想起从前的法国家庭，把天主教的报纸裁成四方的一叠当厕纸，但事前先把印有十字架的报端剪下。闻说英国女皇伊丽莎白二世不甚喜欢记者随便地把她摄入镜头，然后把照片刊登在报纸上面，因为也不知道报纸会沦为什么用途，多半是被折成三角纸袋，包油炸鱼和薯条。

小时候厕纸还没有流行的日子里，我们用草纸。一匹布似的买回来，再裁成一叠方纸排起备用。草纸也分品级。上好的草纸颜色嫩黄、纸质幼滑，有一种纸的天然清香。后来我买了一套线装《石头记》的影印本，那嫩黄的纸张引起我的好奇，问书商这是什么纸。书商笑曰：“是玉扣纸，即是草纸。”这敢情好。同样的纸，可以作为出恭善后工具，也可以用来大旨谈情。

巨人卡冈都亚用遍各式揩屁股的用品，结论是：最佳莫如羽毛丰满的鸟儿，“只须把它的头圈在翼子底下。……羽毛松软叫人舒服，鸟的温度适中，传达到大肠，转而分布全身脏腑，直至心脏和大脑”。他说那种畅快舒适有如极乐世界的神仙。

我们家常用纸，当然不能这么讲究。值得安慰的是厕纸也能循环。西西的《共时——电视篇》中如是说：“厕纸当然不能再回收了，就流入污水渠，进入大海，重返大自然的怀抱，许多许多年后，它们又成为一棵棵的树。”

非常加料记

周末和老伴共上纽约法拉盛茶楼，喝喝菊普，吃点鸡扎凤爪什么的，一边和老伴闲话家常，也就算是一个节目了。这一个周末在饮茶之际点了一碗蚝豉排骨粥。点心阿婶问我："要唔要葱同埋胡椒粉[1]？"我答曰："乜都要[2]。"这一碗粥吃呀吃的，吃了一条曲曲折折银光闪闪的两英寸长铁丝出来。我当下并没有大惊小怪，还暗自好笑：这下子可应了自己刚才说过的那句话。待穿黑礼服的部长经过我的桌子，我才叫他停下告诉他："以后应该注意一些。"部长道歉一声，把点心卡上这碗粥的价钱勾掉。

中国人在异乡做生意谋生，本来就不容易。我也不愿意因这事而惊动四方，但作适可而止的处理便算了。这一向报纸和传媒专寻中国饭馆的不是，一下子说卫生

① 要唔要葱同埋胡椒粉，粤语，意思是"要不要加葱和胡椒粉？"

② 乜都要，粤语，意思是"什么都要"。

设备欠佳，一下子又推出考证，结论中国菜的成分最有碍健康。话说回头，一般的中国饭馆清洁处理比较不认真。我吃饭吃面吃出了铁丝刷的碎片也不是第一次。记忆中在香港吃馆子也不时有类似的情况出现，在医院的饭堂吃猪扒饭吃出了小甲由[①]，在长洲的小饭店吃汤吃出了一大堆浮着的黑芝麻——那是蚂蚁的浮尸。那时候人比较年轻，性格也随便，因此都不放在心上。人家吃炸鸡是吃出了老鼠头来呢。

博懵伎俩

都说上馆子吃东西最无谓的事情就是和侍应闹意见，不成个体统。好便罢，不好也不宜发作，万一沉不住气吵了嘴，最明智的做法是以后不再光顾。那些自以为花钱大爷的顾客，在饭馆子坐下来阿支阿咗，要了调羹又要叉子，芥辣来了又说没有浙醋，把人家弄得火了，自会暗中对付出气，结果吃亏的还是自己。

在食物中作非常加料之举，动机可分多种。有的是为了吃免费餐，因此自动加料。在《Victor/Victoria（雌雄莫辨）》（1982）一片中，潦倒的女歌手肚子饿得无法忍受，便照样上巴黎一流的饭馆子进餐，待吃得七七八八之际，便放出一只预早带备的甲由，然后大呼小叫一番，借此博懵。但是终于上得山多遇着虎，博懵

① 甲由，多用于方言，音“约由”，粤语中指蟑螂。

伎俩再施，被人识破，也就受了一顿教训。

加料也可以因为要报仇。描述美国黑奴历史的电视片集《Roots（根）》（1977）里面，有一双黑白朋友的故事。小白人女孩和家中的小黑奴两小无猜，情同姊妹。但是长大了之后因为身份种族不同而产生了矛盾冲突，女白人把女黑奴害得鸡毛鸭血。女白人老了之后一次在路途上遇见旧日的女黑奴，拿出主子的身份命她拿一杯水来。女黑奴把一杯水送上，却暗中吐了好大的一口唾沫，妥妥当当地和在清水之中。女白人若无其事骨嘟骨嘟地甘之如饴喝进肚子里去，女黑奴只在一旁冷冷地观看：今天你总算小规模地栽在我手上了。

暗箭难防

正是明枪易挡，暗箭难防。出来行走江湖的，结怨太多，免不了在吃鲍参翅肚之际也顺便吃了一些唾沫之类的不明物体，还浑然不觉。老外有句老话：你不知道的事情伤害不了你。话可不是这么讲。广东人的“死咗都唔知点解[①]”倒是比较有警惕作用。

非常加料写得最精彩的一段是在杜鲁门·卡波特（Truman Capote）的短篇小说《花之屋》（*The House of Flowers*, 1950）里面。故事描述太子港的美丽小妓女奥提莉爱上了山区青年，决定从良。只可惜青年的祖母是个

① 死咗都唔知点解，粤语，意思是“死了都不知道为什么”。

女巫式的老妇，不时在暗中偷窥奥提莉小夫妻做爱，又对奥提莉诸般虐待。有一次还把一只猫的头切下来放在奥提莉的篮子内，企图向她落蛊。奥提莉拈住了猫的耳朵，把猫头提起，丢入灶头的汤锅里面。当日午餐之后老太婆吃得舔嘴咂舌，还不住地夸奖奥提莉的汤煮得特别美味。

翌日早上，奥提莉又在篮中发现一条青绿小蛇。奥提莉一不做二不休，便把青蛇剁成肉末，放入锅中熬成一锅浓羹。之后每天的花样层出不穷：炸蜘蛛、炒蜥蜴、煮鸶肉。老太婆吃得起劲，并一边问奥提莉："你看来不舒服呢。你吃得那么少。为何不尝尝这好汤？"

奥提莉回道："因为我不想我的汤中有鸶肉，面包里有蜘蛛，又或者肉羹中有蛇。我对这一类东西没有胃口。"

加盐加醋

老太婆一下子会意过来，立时静脉肿胀、舌头麻木。她摇摇摆摆地站立起来，却又倒下，天黑之前便一命呜呼，归西去矣。

如此大规模的加料行动，只可以算是小说中的大话。但是在真实的人生里面，总免不了会碰上各式各样有意无意主动或被动的加料事件。倒不一定是加在食物之中。言语之中也照样可以加盐加醋，扭曲事实，改变真相；非得有机警的舌头，方可辨出事情的本味，免于加料之祸害。

魔幻糖浆

饮食本来就是魔幻的过程，从一粒种子埋在土中，发芽，吸收日月精华，雨露滋润，成长为树，结出果子，吃进人的腹中，再化成精神血气，使一切有趣有益的艺术文化政治活动，得以继续、增进、发展，那真是一环紧扣一环而又不停地变化变形的自然奇观、历史写照。

神奇巧克力

家中常备现成的川贝露、枇杷膏，还有那一瓶瓶自己腌制的四季桔、蜜糖柠檬、酒浸红草莓、橄榄油大蒜，都颜色明艳精神奕奕地排列在厨柜之内，看看也心安理得，仿佛伤风头痛、喉咙红肿、睡眠不足等等日常肉体上的磨难，皆可以从那些瓶子里找到消解的魔法。肉体一旦轻松愉快，没有了后顾之忧，便可以勇往直前寻求灵魂的满足和幸福去了。

《百年孤独》（*One Hundred Years of Solitude*, 1967）

这本魔幻写实小说里面的饮食描述，也具有魔幻的品质。书中的尼卡诺尔·雷依纳神父一心想建造世界上最大的教堂，于是手托小铜盘四出化缘，奈何收集的钱连几扇门都造不起。他灵机一动，在广场做露天弥撒，召集了半个镇子的人，然后宣布："现在让我们来亲眼看看那无可辩驳的例证，证明上帝有无限的神力。"做弥撒时辅祭小伙子给他端来一杯冒烟的巧克力。神父一口气喝下，然后从袖管里抽出块手帕擦嘴唇，伸开两臂，闭上双眼。于是神父竟然离地升起了十二厘米。这一下子可叫人心服口服。一个月来他四处表演巧克力升腾绝技，很快便筹足款项，教堂也就顺利地开工，兴建大吉。

瑞典皇家学院在1982年颁授诺贝尔文学奖给加西亚·马尔克斯（Gabriel García Márquez），宣称《百年孤独》"汇集了不可思议的奇迹和最纯粹的现实生活"。在这神父升腾的片段里，神父离地升腾是"不可思议的奇迹"，那杯热巧克力却是"最纯粹的现实生活"。如果神父服的是仙丹灵药，那他的升腾则纯是幻想，没有对比也没有张力。但他喝的是家常热巧克力，因此反而替魔幻的升腾加添了一层写实的意味，使那魔幻更加可以相信。而神父的离地升起了"十二厘米"，也具有新闻报道的准确性。

魔幻奇迹

《百年孤独》的英译由格雷戈利·拉贝撒（Gregory

Rabassa）执笔，是公认的佳译，连加西亚·马尔克斯自己也十分大方地承认英译的文本比原著更强而有力，但是很奇怪地原著中的“离地十二厘米”在英译中变成了“离地六英寸”。“六英寸”显然不及“十二厘米”的精确，而且无论如何六英寸不等于十二厘米。

神父因为表演离地升腾而筹得款项建造教堂，当然是作者的讽刺笔墨。天主教本来就具有一点魔幻性质，不似基督教的朴素。天主教的圣人多行奇迹，会得遇上基督圣母显灵。道行高的圣人又能升腾，是谓 levitation（腾空、悬浮）。那是圣人在祈祷或冥想之际，神魂超拔，肉体转为轻灵，圣宠从上降下，拉引肉体腾空。但尼卡诺尔·雷依纳神父的升腾靠的这一杯热巧克力，未免可笑，大有神棍之嫌疑。

上海译文出版社的《百年孤独》中译本有这样的一段：霍塞·阿卡迪奥·布恩地亚的一家人预备拍一张铜版家庭照。那天早晨，他的妻子乌苏拉“给孩子们都穿上了最好的衣服，给他们脸上都搽了粉，还给每人一匙骨髓糖浆，以便他们在那架庞大的照相机前一动不动地站上两分钟”。这是作者信手拈来的游戏笔墨，也沾上了一点魔幻色彩。糖浆具有强大的黏性，小孩子喝了想当然地可以在照相机前站立不动，顺利拍成一照。

葫芦变骨髓

只是这个“骨髓糖浆”看来有点古怪，总觉得不像。

看英译，是“marrow syrup”；看西班牙文原著，是“jarabe de tuétano”。“Jarabe”是糖浆，“tuétano”是骨髓，或者类骨髓状的物体，但却不好硬生生地译作“骨髓糖浆”。

原来这里的“marrow”不是骨髓，而是“vegetable marrow”，又称“marrow squash”，是一种葫芦科瓜果，中文名字是西葫芦，又称美洲南瓜。结瓜果作长圆形，作墨绿、黄白或绿白色，含糖及淀粉质。原产地为南美洲。所谓“骨髓糖浆”，就是用西葫芦加糖煮成的透明甜浆。相信将之译成“葫芦糖浆”，还说得过去。

后来乌苏拉垂垂老去，双目失明，行动不便，便又偷偷地把这葫芦糖浆翻出来服用，又在眼睛上涂蜂蜜，希望借此复明。可惜乌苏拉气数已尽，她那家常必备的万灵葫芦糖浆也随之失去效验，再没有她年轻力壮当家之时的神奇魔力了。

葫芦糖浆

用料：

西葫芦肉 8 杯（可以用葫芦瓜代替）

糖 8 杯

姜片 1/4 杯

柠檬 2 只

水适量

做法：

西葫芦去皮，切成一英寸见方小块，放入碗中，加入糖、姜片、柠檬汁。将西葫芦皮及葫芦籽加水煮 30 分钟，隔渣取汁，倒入碗中作料，泡浸 24 小时。将全部作料倒入锅中慢火细煮，不停搅拌，直至葫芦肉转为透明，待冷却后装入瓶内便成。

现身面包隐形人

人假借一副肉身存活在这天地之间；这本来就矛盾、无奈和吊诡。花花世界和天地万物只是无意识的一片混沌，还得通过人身五官的感受，再经“我”的分析、归纳、组合，才会产生意义。一朵玫瑰就只是一朵玫瑰，但是一旦玫瑰出现在我的面前，我便会说：“这朵红色的玫瑰很美丽、芳香，而且花瓣柔嫩。玫瑰软酱涂面包最是清甜可口，玫瑰香茶也十分怡神。”

可是问题来了，一双眼睛能看见花鸟彩虹，因此带来愉悦，但也同时间会看见衰败丑陋，引起烦恼。我们的五官无一不是既能给予快乐又同时相对地可以带来痛苦。各种千奇百怪的疾病折磨且不去说他，单只是这副肉身的存在就是负担。因为我有肉身，我便受时间空间的限制。如果要从家中到上班的地点，便得步行和乘车，还得忍受繁忙时间搭客的互相挤迫、你推我搡。万一地铁发生故障，更加急得如同热锅上的蚂蚁，眼睁睁看着自己迟到，一点办法也没有。此其时也，恨不能像超人似的施展飞天遁地之术。早就有人感应到这副肉身存在的不可承受的沉重，而幻化出这许多妙想天开的神话童话：人身可以随意缩小扩大，又或者立时间从此到彼，不费吹灰之力，便能够和天涯海角的心上人重聚。如果碰到讨厌的人物，无从躲避，便借魔戒之助，立时隐身，不亦妙乎。

隐形人的悲剧

英国作家威尔斯（H. G. Wells）的科学幻想小说《隐形人》（*The Invisible Man*, 1897）说的是中下阶层出身的大学生，梦想自己能够拥有至高无上的权力，于是苦心研究，终于调制出一种吃了能叫人完全隐形的药。他一厢情愿地以为一旦隐形，便会给他带来各种方便和优势，甚至可以操纵别人来达到他自己的目的。但结果事与愿违。他渐渐发觉隐身之后只有带来更多意想不到的不方便，最后还使他陷于完全孤立的境地，和正常人类的世界脱了节，终于神经失常，患了失心疯，决定借着隐身术四出去杀人，企图以恐怖手段去征服这世界，而结果自己死于枪下。死后赤身露体地再度现了形，落得个惨淡悲凉的下场。

威尔斯写的不是神话故事，而是科幻小说，因此他的描述必须有某一程度的合理解释。其实，即使有隐身药吃了使人全身透明如同玻璃，在光的折射和反射之下也会现形。而且人身的结构如此复杂，纵使全部的骨骼肌肉血管神经内脏都变得绝对透明，那光的折射和反射也会使之变得纤毫毕现。威尔斯也深明此点，因此他说这种隐身药能使光的折射和反射降至零度。那就完全是大话西游了。另外一个问题是，一个人完全透明的话，便看不见东西了。眼睛看见东西，全靠不透光的角膜和虹膜。威尔斯自己在给朋友的信中也提及这个漏洞。不过如果一定要苦苦追究下去，也就写不成科幻小说了。科幻小说，始终有幻想的成分。

隐身之后困难重重，首先是不能穿衣服。这在寒冷的冬天是个大问题。书中有一段描述隐形人向流浪汉夸口："隐形人是拥有权力的特殊人物。"一语未了，便打了个喷嚏。这当然是最明显的嘲讽。威尔斯思路细密，奇怪地却没有提及隐形人在冬天的另一大困难——只要他一呼吸，便会喷出体内的热气，也就出卖了自己的行踪。

最讽刺的是隐身之后的一大难题是如何使自己再度现形，因为有时候不得已还要和其他人作必要的交往。例如说，他放火烧了寓所之后要另寻居所，入住客栈，便首先得向客栈主人登记。因此他用白布缠头，装一个塑料的假鼻，再戴上一副黑眼镜，穿上衣服，无可奈何怪模怪样地现身，构成了不少的闹剧场面。

其中最滑稽的是进食问题。他第一次和客栈女主人吵架就是因为吃："为什么早餐还没准备好？你以为我能够不吃而活么？"一语道破了隐形人最大的困境。他对流浪汉也吐过苦水，说："我到底还只是一个人，需要饮食和穿衣——但我偏偏又是隐形的。"他又说过："隐身术并不如想象中那么美妙。"他无意中走进了旧同学家中之后，便说："我受了伤，而且疲倦不堪，给我一点吃的，让我坐下。"一再说明隐形归隐形，他还是一副血肉之躯。他和旧同学通宵交谈，一边抽烟喝酒。烟含在他的口腔，在他的咽喉之间游走，勾勒出一个轮廓出来。

口腹之欲现形时

他隐身和流浪汉交谈。流浪汉起初不能相信有隐形人的存在，但后来发现在他面前的一片空虚之中，却浮现了一些恍似经过咬嚼的食物，并且问道："你是否刚吃了点奶酪面包？"隐形人回道："没错，还没有完全消化掉呢。"这是非常荒诞而又写实的笔触。正因为如此，隐形人一旦进食之后，便得躲起来，直至食物完全消化之后方可四出活动。

有一次他墨镜胶鼻怪模样地进餐室点了丰盛的晚饭，一下子又想起进食时必须把缠住嘴部的白布去掉，而这一来便会泄露了自己的身份。无奈只得饿着肚子匆匆离开。

警方后来派人前往捕捉隐形人，只见暗地里一个无头人坐着，却戴着手套，一手拿着面包，一手拿着干奶酪。尽忠职守的警察看见了，便说："不管有头没头，捉之可也。"

隐形人和旧同学半夜谈天，喝酒吸烟。只见半空中浮着一片火腿，又听得咬嚼之声。旧同学看见无头缺手的一件睡袍坐在椅上，又见一条餐巾奇迹也似的在抹着隐形的嘴唇。一切是如此的荒诞，他渐渐地怀疑是否自己神经失常，产生了幻觉。

威尔斯《隐形人》的最后讯息也只不过是：“不必胡思乱想去追寻什么隐身之术。不要以为会因此带来方便、权力、幸福。我们挖尽心思在这方面的追求，到头来都只是荒谬可笑的捕风捉影。我们现有的身躯已是无可奈何之中的最佳存在形态了。”

蛋糕鸣奏曲

这幅著名的《蛋糕》（*Cake*, 1963）油彩画，叫人看了眼睛一亮，精神为之一振。多么明艳的奶油白、柠檬黄、樱桃红，各自发出柔和的光泽。这些一个个圆柱形的蛋糕，供奉在纤巧高耸的轴杆上，仿佛是形态不同的幸福回忆，忽然之间精灵一般地显现在目前了。说不定在十多二十年前，自己在一个夏日里逛罢书局，便在中环一处的饼店橱窗内看见过这样的蛋糕排列阵势，一个个的看得分明立体，却又具备叫人心神恍惚的迷幻色彩。不知是真是假，是现在还是过去，是醒着还是在梦中。

幸福的无限

定睛一看，有波士顿奶油饼、有椰子千层蛋糕、有巧克力蛋糕、有樱桃甜饼、有情人蛋糕，还有端然在画中央唯一重复两次出现的天使蛋糕。数一数，一共三行，每行四只。可以借来一用教小朋友算乘数呢：

三四一十二。咦，不对，中间一行蛋糕，其实一共五个；左边的一个，伸延在画框之外，右边的巧克力蛋糕，也有一半在图画的外边。就是中间这一行蛋糕，向我们暗示了幸福的无限，可以向左右两个方向无止境地伸展：美味而又美丽的蛋糕，丰盛而变幻的人生。一个个的蛋糕，看似重复，却又有变奏，正是寓异于同，显示了艺术人生的真正面貌。我们不是正过着日复一日的重复中有变化的生活么？

伟恩·第伯（Wayne Thiebaud）画的《蛋糕》，
既有波普艺术的嬉戏风神和查理默片的滑稽，
又具备传统艺术的戏剧性经营和对比

传统的艺术着重变化、对比，同一幅画中有轻、重、高、低、光、暗、动、静，互相掩映对比出丰富的层次和境界，叫人看之不尽、反覆回味。波普艺术却喜欢重复、单调、平面化。像安迪·沃霍尔（Andy Warhol）把罐头和汽水瓶子印章似的一排排印了出来，做成一种机动式的滑稽效果。波普艺术以讽刺嬉笑的形式出现，就像查理·卓别林（Charlie Chaplin）在电影《摩登时代》（*Modern Times*, 1936）里面，站立在输送带前不停地重复扭螺丝，叫人看了产生卡通式的滑稽效果。

伟恩·第伯的这一幅《蛋糕》却和波普艺术貌合神离。粗看了去，这一幅《蛋糕》也给人一种重复、平面的感受：一个蛋糕接着一个蛋糕平平稳稳单调地排列下去，仿佛是小学生做文章，只会得用"和"字把许多的句子连在一起，而不会得用比较巧妙而又多变化的"但是""然后""结果"。但是仔细一看，却又发觉这幅《蛋糕》里面其实也隐藏了一些微妙的变化。先是蛋糕的形态，虽然都是大致相同的圆柱形，却又变化多端，有高有低，有大有小，有切了一半的，有饰有玫瑰的，有加了扭旋奶油纹饰的，有分裂成八块尖角的，不一而足。就像那叮叮当当的爵士乐钢琴，平板之中自有本身的律动，平面板硬之中却又另具一种感情和伤感。蛋糕各自立在轴杆上的圆托，看似整齐，其实每一个蛋糕都摆得不甚端正，都微微地摆得离开了圆托的中心，或略为向左，或稍稍退后，构成了一种微妙的律动和节奏。因此伟恩·第伯的风格上表面上似是接近波普，而骨子里还是着重传统的变化和对比。这是伟恩·第伯最耐看的地方，游移于两种截然不同的风格之中，寻找一种微妙的平衡。他的这一幅《蛋糕》既有波普艺术的嬉戏风神和查理默片的滑稽，又具备传统艺术的戏剧性经营和对比。

微妙的平衡

更有趣的是画面的透视是超现实的。所有的蛋糕全都离了位，不肯服从传统的透视限制，而是各自亭亭站立，向观画者打招呼，显示自己最漂亮光彩的一面。

伟恩·第伯不喜欢自称艺术家，而是客观地宣称自己是个画家（painter）。换言之，他说自己是一个把油彩涂抹在画布上的工作者。他这种平实的艺术态度是典型的中产阶级精神。不唱高调，不弹高曲，只是视绘画为谋生的工作之一，但也自有敬业乐业的精神，绘得好画换金钱。正如伟恩·第伯的绘画题材也是平实的平民作风，画的不过是蛋糕、糖果、香肠、奶酪，都是平民的家常食物。但一经他严谨的构图调度之后，却又一呈贵族的骄傲。

他的油彩极其厚重，浓浓地堆在画布之上，呼之欲出，仿佛已经幻化成了真正的奶油和糖霜了。这是他画艺的质朴单纯之处——以油彩来显示实物的质感和形状，清心直说，并无虚言，一笔笔都是难得的真实。他画中的色彩倾向华丽，但他平实的笔触却又使他的画风流露一种谦和朴素。

画笔的舞蹈

伟恩·第伯的笔触有本身的一种节奏和律动，似是舞蹈，又似是音乐，他称之曰“画笔的舞蹈”。有些画家的笔触好像狐步，有些画家的笔触好像华尔兹，有些画家的笔触又好像是溜冰似的跳动旋转，变化多端。他自己的画面也有一种钢琴鸣奏似的律动。那些蛋糕上面的奶油、朱古力和糖霜都有各自的旋律，有的流泻、有的凝固、有的一笔向前滑过、有的高低有致地扭动，就这样构成了视觉上的五音十二律，彩色的蛋糕鸣奏。

伟恩·第伯的蛋糕还有一种本身特有的光泽，不是来自阳光，也不是来自灯光的照明，而是仿佛从蛋糕本身散发出来的，显得通体透明晶莹，如同天使。是这种天使一般的柔光，把伟恩·第伯看似寻常的蛋糕，提升至一个更通灵的境界——那是现实和梦幻的交界、幸福和忧伤的融会。简单一点地说，蛋糕虽然美丽，但是如果吃了，就没有了。

芭贝的盛宴

世界灾难重重，远方的战争、眼前的贫困，还有即将来临的全球流行性感冒，真的叫人忧心忡忡，怎么你还好意思在这里畅谈美酒佳肴、良辰吉日？还不快快收拾心情去应付当前急务，好好思量如何去济世扶危？

各人有各人的位置。从医的大可以继续努力改善疫苗的培植，教书的抖擞精神作育英才。至于那说故事的依然可以构思动听娱人的童话或寓言，而厨师也应该谨守岗位，弄出美味的饭菜，在提供口舌的愉悦之际，也同时提高了健康的质素。人并非单靠理想而活，还得要依恃面包，皆因为人除了精神和灵魂之外，还有一副肉身。更不可思议的是肉身和灵魂相生相连，浑然构成了“人”这奥秘的个体存在。滋养了肉身，也就滋养了灵魂；灵魂困惑，肉体也相应地憔悴；总是互为因果，息息相关，因此必须两者并重，同时照料。

柏拉图在《理想国》（*The Republic*）里面视诗人为危险分子，理应赶出理想国，以免他们用多余的情绪和夸张的词藻骚扰人民平静的生活。诗人的浓词艳曲徒然乱了人心，伤害了灵魂的健康。柏拉图好像不知道也有超凡入圣的诗篇可以涤净人的灵魂。《高尔吉亚篇》（*Gorgias*）里的苏格拉底也把烹饪和修辞、智术、美容等量齐观，一并打入为浮夸的次等伎俩，其功用只为照应肉体的需要，因此没有照应灵魂的立法和正义那么重要。

正义和幸福

这样把肉身和灵魂俨然地划分为二、互相对立，好处是在辩证之际条理分明、思路清晰，可惜就是和现实不太符合，而且处处制造了矛盾，硬是要人在正义和快乐之间做出选择，仿佛选择肉身的愉悦便是对灵魂做出伤害。所以苏格拉底才会说出这样的话："因为烹调的目的是快乐，对好的事物（正义）则视而不见。"但是《圣经》里的《圣咏》第八十五篇却持相反的论点。唱这首歌咏的人祈求耶和华大发慈悲，降下甘霖来滋润大地，好使信赖他的子民能得到幸福。这里的幸福是指大雨带来丰收，子民得到充足的粮食，过快乐的日子。这显然只是俗世的幸福追求，但却和耶和华的正义并无抵触：

仁爱和忠信相迎，
正义和幸福互吻。
忠信从地下生长，
正义由天上远瞩。

上主以雷声降下天雨，
大地因此得以丰收。

“正义和幸福互吻”有时被译作“正义与和平互吻”，但有学者认为应以“幸福”为确。这里不详细讨论了。有趣的是丹麦女作家卡伦·布里克森（Karen Blixen）在《芭贝的盛宴》（*Babette's Feast*, 1950）这短篇小说里借罗伦将军之口引用了这句圣咏，替她那灵肉一致的幸福观作一注脚。芭贝本是巴黎的名厨，但因为1871年法国内战，芭贝挺身反抗暴政，险遭逮捕，终于只身逃亡挪威，投靠玛田和菲力柏，充当女仆。玛田和菲力柏是基督教宗派元老的两个女儿，生活朴素，饮食节俭，弃绝浮世欢乐，寄望来生幸福。姊妹两人年轻时皆有过恋人。年轻的轻骑兵中尉罗伦爱上了玛田，而来自巴黎的著名男高音巴彭则爱上了菲力柏。两人皆失意而去。芭贝在玛田和菲力柏家中当女仆，一晃眼十二年，正是元老百年忌辰。刚巧芭贝赢了一万法郎的彩券，便决定以此全力办一席盛宴来招待教派中的弟兄姊妹。席间且有当年爱上玛田的罗伦将军。

带来完美的快乐

这一席盛宴吃得各人飘飘欲仙，心灵轻快，仿佛飞升至更高更纯之境。在巴黎有人称赞芭贝的本领是将一顿晚饭提升为一场灵肉融会、高贵浪漫的恋爱。芭贝自己也在盛宴之后向姊妹俩骄傲地宣称："我是伟大的艺术家。"姊妹俩还是不明白为何芭贝肯为她们而孤注一掷地将全部彩金来办这一席盛宴，并且忙得筋疲力尽。芭贝却以怜悯的语调解释："我办这一席盛宴并非为了你们，而是为了我自己。世间艺术家的唯一心声是：让我全力以赴！当我的厨艺达至高峰，我便能给人带来完美的快乐。"这完美的快乐已经和正义相近，所以罗伦将军在痛喝亚蒙狄罗度[①]和饱吃墓中鹌鹑[②]之后，才会灵感涌现，把圣咏借来赞叹一番。有趣的是芭贝并非只是懂得厨艺，她也会得为了反抗暴政而甘冒生命的危险。菲力柏终于明白了："在天堂，你将成为上天指派你做的伟大艺术家。呀，你会教天使喜悦陶醉！"

菲力柏有歌唱的天分，当年的男高音巴彭曾因此而爱上她，多年后又在信中预言："我觉得坟墓并非就是终结。在天堂，我将再度听你歌唱。在那里，你可以依照上天的意旨，唱得无忧无惧。你将成为上天指派你做的伟大艺术家。呀，你会教天使喜悦陶醉！"是同一句话，菲力柏分明将芭贝的厨艺和歌唱艺术相提并论。巴彭当年甚至说菲力柏的歌艺能够替被欺压的人带来安慰，不经意的一句话，将艺术和正义轻轻地互相牵连住了。

---

① 亚蒙狄罗度，又称阿芒提拉多（Amontillado），是一种甜酒。

② 墓中鹌鹑，或被称作石棺鹌鹑，实际上指的是一道菜肴——千层面盒烤鹌鹑（Cailles En Sarcophage）。

到达极乐之境

厨艺和歌唱，不过是口舌声色之娱，但如果能发挥得淋漓尽致，照样可以超凡入圣，打通肉身，直达灵魂深处，教人悟出生命的真谛。罗伦将军听说他的先祖曾迷恋挪威山中的精灵，美丽灿烂，能使四周的空气颤动生光。其后罗伦初见玛田，惊为天人，也有同样的震动，仿佛自己置身更高更纯之境。然而他放弃了这种爱情的追寻，转求世俗的名利。多年后他名成利就，而且规行矩步，有良好的声誉，但他却若有所失，因为他隐约知道，人生的本旨还不在道德，而在奥秘。在芭贝的盛宴上重见玛田，更加顿悟了这一真谛。

即使是宗教，最终的目的也不是道德。道德也只是一条途径，通过它而到达极乐之境。那过分、刻意的苦修和克己可以是变相的自我中心、自以为是。只有那善良温顺的人，应天而行，一无执着，不逃避苦难，亦不抗拒喜乐，才能借着这副肉身，通过光辉的艺术、纯真的爱情甚至于出色的厨艺，在尘世预先品尝天堂的喜乐。

菠萝的滋味

向 Folio Society[①] 预订的《苏利南画册》（*The Surinam Album*, 2006）终于寄来了。这限量发行的画本原是庞然大物，皇皇巨制，阔 18 英寸，长 20.25 英寸，比我那套 1863 年巴黎出版的《唐·吉诃德》（*Don Quijote de la Mancha*）还要宏伟，捧在手中的好像是道石碑。书中收了玛利亚·斯比拉·梅里安（Maria Sibylla Merian）画的昆虫蜕变图及其他的动物水果画共 91 幅。梅里安是 17 世纪的荷兰博物学画家，于 1699 年（其时她 52 岁）偕同女儿前往南美洲的苏利南，实地考察当地的昆虫蜕变过程，并将研究观察的成果绘制成工笔水彩图画。梅里安的一大创新是将整个昆虫的蜕变过程在一幅画中同时呈现。

画册中的第一幅和第二幅皆以菠萝为题材，第一幅的菠萝上面画了蟑螂的蜕变过程，第二幅的菠萝上面则是玉色蝴蝶，这就引起了我的兴趣，只因为自己对菠萝

① Folio Society 是一家英国出版社。

这热带风情的水果有所偏好。原来梅里安认为菠萝“是所有食用水果之中最为杰出者”，这才特意用它来为自己的画册打头阵。17世纪的荷兰已经成功地在温室培植菠萝，但菠萝的身价昂贵，只有少数的达官贵人才有资格享用。梅里安说这果中之尤物味道“有如杏子、苹果、葡萄、雪梨和红醋栗之集大成”。梅里安还继续说明菠萝的吃法：“一定要去皮，果皮粗如手指，如果削不干净，锋利的细毛黏在果肉上面，吃的时候会刺伤舌头，极为疼痛。”

最为杰出者

这就道着了菠萝那带有刺激性的吸引——尘世间的极品皆有美中不足之处，但那一点点遗憾往往又构成了特异的对比，使之变得更为可爱和耐人寻味，就像玫瑰的多刺、《红楼梦》未完，又好像性格不可捉摸的美人，倍添遐想。19世纪英国散文大家查尔斯·兰姆在《烧猪文论》（*A Dissertation upon Roast Pig*, 1822）里面对烧乳猪发出由衷的赞叹之余，不忘旁及菠萝：

“乳猪诚为百味之冠。菠萝也堪称一绝。她太过超凡脱俗了——一种愉悦，即使不算罪恶，亦庶几乎近矣，以致心性柔弱的人士不敢轻易一试——味道过于销魂，凡夫俗子消受不起，她把妄图亲昵自己的嘴唇加以伤害和擦损——仿佛情人之吻，择而啮之——她施予的快乐濒临痛苦，因为风味强烈而又疯狂——但她亦只止于满足口舌之欲——她无法解馋饱腹——粗枝大叶的饥汉随时宁愿用她去换来一块羊排。”

堪称一绝

兰姆不惜花费笔墨去描绘菠萝的滋味，不外是为了要将之和乳猪作一对比。乳猪柔嫩娇美、天真无邪，在他还未来得及成长为懒惰顽固的家伙之前就被调制成可口的烧肉——看他在碟子里，他的二度摇篮，神情多么温顺！——难道你愿意看到这天真的小东西成长为粗鄙不堪、桀骜难驯的大猪么？他将会沉溺于一切肮脏的勾当之中而难以自拔。兰姆只是想指出乳猪的美味不失其纯洁的风神，正如乳猪本身还在幼年，未及情欲的边缘。

但菠萝却不一样，她的滋味近乎罪恶，过于销魂，恍似偷吻，且又濒临痛苦。咦，这不是情欲，又是什么？值得留意的是兰姆的代名词选择得别有用心，乳猪一直是“他”（he），而菠萝却分明是“她”（she）。这其间的天机，自是不点而破。

幸福的真味

《锦绣年华》（*The Prime of Miss Jean Brodie*, 1961）这部小说里面有一段少女共吃菠萝的描述：“仙迪觉得这是她一生中最快乐的时光，而在她十岁生日的那一天把珍妮请回家吃茶。茶会的特别点心就是一道菠萝方块拌奶油，而茶会的特色是两人可以静享时光而不受骚扰。仙迪觉得这生疏的菠萝具备幸福的真味和形态：她用小眼睛把那淡金色的方块凝视良久，方用调羹舀起；她想她那舌头上那刺激性的味道乃是一种特殊的幸福，与进食无关，也有别于嬉戏时浑朴的愉快。两个女孩都把奶油留到最后，才用调羹舀得满满地吃。”

一种前青春期的少女情怀，莫可名状，不知所云，却以刺激性的甜味和淡金色的果肉形态现身，略为透露一二，竟也成为一种特殊的幸福了。

英国17世纪哲学家约翰·洛克（John Locke）在《人类理解论》（*An Essay Concerning Human Understanding*, 1689）里面论及“单纯意念”这一命题，并以菠萝为实例。一切的单纯意念都无法依靠其他的单纯意念去解释明白，正如我们没有办法依靠任何的形容和比喻去说明菠萝的滋味。唯一可以清楚明白菠萝的滋味只有一途：亲自吃她一吃。

水墨鱼虾　清品至味

纯白强烈的太阳光，透过雨点或三棱镜的扭曲和折射，才会幻化成彩虹明丽晶莹的红橙黄绿青蓝紫。所以德国文豪歌德才语出惊人："颜色是光的痛苦。"原本是安详坦然的垂直光线，一路通畅地向前伸展，忽然遇到了障碍阻滞，一番挣扎折腾，终于克服了重重困难，继续上路，然而已经不是本来洁净纯真的面目，而转变成复杂的颜色了。美丽固然是美丽，却是付出代价而换来的。将本来毫无感觉的大自然现象赋予人的感情思想，是文人天生的大话伎俩，而这种伎俩就叫作"拟人谬想"（pathetic fallacy）。这是中学时代的恩师江老师教的，至今未忘。江老师还以杜甫的"感时花溅泪，恨别鸟惊心"作最佳例子说明。

颜色是光的痛苦

但是歌德的那句隽语却并非完全是谬想。通过了阳光温煦的照射和农夫辛劳的操作，大地渐渐冒出了碧绿的蔬菜、艳红的苹果；人类的痛苦和大自然的美丽终于结合成不可分割的一体，显现在树头成熟了的一只桃子上面。

进食本来就是吃太阳的颜色。吃芒果凤梨是吃黄色，吃草莓樱桃是吃红色，吃菠菜丝瓜是吃苍绿，如果把甜菜、玉米、青瓜等蔬果调成沙律，洒上红醋，拌以香油，那就是一道爽脆美味、入口酥炸的彩虹。即使是一杯明净的牛奶，本来也是原上离离的青草罢了。

饮食颜色上头的喜好取舍非常不可理喻。大导演希区柯克痛恨鸡蛋，是因为他不能忍受黄色："我害怕鸡蛋。比害怕还要糟糕，鸡蛋叫我反胃。白圆无孔的物体……从没见过比蛋黄破裂、黄色液体流散更令人反胃的事物。血是美丽的红色。但是鸡蛋的黄色叫人反胃。我从不吃它。"希区柯克电影中的鸡蛋总是碰上非常悲惨的命运，其中最惊心的例子是《捉贼记》（*To Catch A Thief*, 1955）里面的富婆，若无其事地把香烟按熄在一只煎蛋上面。

我自己却偏爱黄色系列的芒果凤梨金山橙；这些水果最为接近太阳原来的光色。绿色、粉红的食物我也喜欢，但绝对不能忍受蓝色、紫色的食物。如果一定要查究原因，大概是因为紫和蓝阴冷深沉，容易叫人联想到腐烂和死亡，而且无论如何也不能和味觉协调融会。即使是菜市场上摆卖着切开了的芋头，看上去也好像冻疮，和食欲大为抵触。《时时刻刻》（*The Hours*, 2002）这部电影里面的蛋糕是蓝色的，大约是要暗喻孕妇的心境，但是看了总是觉得太过刻意做作，起了很大的反感。

黑白是光的幸福

所以颜色这回事，既能带来愉悦，也能带来烦恼，皆因为太过切身逼临。一旦有机会吃一顿颜色素淡的饭菜，竟也能使肠胃舒适，十分之受用，正如看罢特艺七彩的《幻想曲》（*Fantasia*, 1940），转看黑白的米奇老鼠卡通《汽船威利》（*Steamboat Willie*, 1928），眼睛返璞归真，连带神清气爽，整个人沐浴在宁静柔和的光泽里面。吾友香山亚黄很多年前便说了一句充满智慧的箴言，和歌德的拟人谬想遥遥呼应："所有的颜色都只是过渡，最终还是回归于黑和白。"如果颜色是光的痛苦，黑白便是光的幸福，因为不再有波动扭曲，一切重返太初太阳的静止和圆满。那么黑在光的世界里也占一席位吗？我记起了曾在飞机上凝视外面黑夜的天空。那种黑是光的绝对反面，也就是另一种光。法国文豪维克多·雨果（Victor Hugo）垂死之际喃喃自语："我看见一道黑色的光。"

香氏箴言规劝人们在黑白里面寻找和体味生命的真谛，而全能的上帝在食物颜色方面的安排亦表现出他无限的智慧。东方人吃的米饭饱满莹白，西方人吃的面包温厚柔白，生命之源的海盐是经太阳蒸晒而成的闪耀精华、白色结晶。这一来我们才省悟到白色原来才是生命的真正素颜、本来面目，观之可亲，看之不尽，层次丰富，内容深厚，实在经得起我们长年累月地反覆品尝和吸收。

耐人寻味的颜色

珍贵的食品有黑松露和更为珍贵的白松露，是厨艺界的黑白钻石。咱们中国有黑木耳和洁白的雪耳，甜品之中有芝麻糊和杏仁茶的黑白对照，一再说明黑和白才是最为耐人寻味的颜色。

而我，我实在很愿意把八大山人的画册再翻出来看一遍。他把白菜、薯蓣，以及鱼、虾、蟹，一并归纳为黑白的两度空间、二元世界。那棵白菜初看是多么的瘦，再看才看出了那苍劲强大的生命力，那墨色的叶子极为苍润。叶子的伸展和位置也恰到好处，画面的黑白动势有序；真正是“始知真放本精微”，看似随意，其实是早已胸有成竹。

八大山人的鱼看似一块石头，他的虾和蟹也只是一团黑墨，但渐渐地却看出了其间的律动和潜伏的生命力。是八大山人画中的食物，忽然之间叫人明白，黑白是多么的怡神悦目、美味可口。

第二辑：菜谱如曲谱

吃的喜悦

我也并非不知道自己的福气。活到这个年纪，依然有机会和父亲谈心。有时候还像小孩子一般在他面前诉苦，说上班工作操劳。父亲道："总比没事做在家闷坐胡思乱想的好。"真是语重心长的智者之言。为我自己灵魂的好处，也得做些自己并不喜欢却对人对己都有益处的事情。谁说想做什么便做什么是最大的幸福？你看十四五岁上了网瘾的学童，日以继夜地沉迷网络世界里的游戏、商店、聊天室以至色情文化，以致荒废了学业，失去了健康。吸毒者和赌徒，也是放纵自己做他们喜欢做的事，仿佛乐在其中，只有旁观者才看得出他们有多么的悲惨。

"自然最忌空虚"（Natura abhorret vacuum），这本是物理定律之一，但也大可以借来说明人的意识和心理活动。假日里街上人头涌涌，就是因为坐在家里对着四道墙闷得发慌。上班忙归忙，却还可以公然大条道理地诉苦，言若有憾，心实喜之。一旦完全安静下来才恍然大悟自由原来是多么苍白的一回事。结果还不是慌慌张张地要抓住一点什么来把时间填满。那痴迷的，纵情于声色犬马，结果枉送了性命，落得一场空。那清醒的，刻苦耐劳，从最清淡的青菜白粥里慢慢尝出了真味，得到了乐趣。

手术后在家静养，却叫小儿替我买回来一小盒朱古力。那朱古力一颗颗的做得甚为巧致，有作贝壳形状的，也有作心形或徽章的。我把这盒朱古力放在案头。百无聊赖的时候一只手不期然便伸向盒子，却立即提醒自己，及时打住。于是站立起来，绕室走一个圈，喝点白开水，转移转移注意力。到了后来对着那长方形的盒子可以完全不动心，而且也根本不想吃了。家里人还半开玩笑地恐吓我："当心患上了厌食症。"

当然没有。因为还是喜欢观赏朱古力的巧致形状，也喜欢朱古力散发的香甜气味。这样去克服过剩的食欲，是意志力的锻炼，而并非病态的反应。画饼充饥和望梅止渴，原来可以是将主观的口腹之欲升华至比较超脱的视觉愉悦。有人说爱女子爱到了一个地步，仅是在一旁看着她已经暗自喜欢，完全没有想去占有。也有人讥笑道："说这话的人恐怕是性无能吧。"当然这也是一种意见，为表示公平，也照录存真备考。

在纳粹党集中营里面的犹太妇女，长期和子女一起忍饥挨饿，竟也想出了解救良方。她们偷偷地在一些碎纸片上把往日吃过的菜式凭记忆详细写下来，包括用料和做法，然后交换传阅，作为精神食粮。我在这段节制饮食的将养期间翻看充满吃喝玩乐的《巨人传》，也是基于"不吃猪肉，却看猪跑"的心理作用吧。《巨人传》

里面的巨人尽情吃喝，流露了一股巨大的原始生命力。作者拉伯雷的灵感也是一泻千里，不负责任地把许多充满喜乐的细节罗列、堆砌。书中有许多游戏、衣饰、饮食的清单，里面的名称项目乒乒乓乓地接二连三地在读者眼前展现，不为什么，就是因为喜欢。

张爱玲说过："细节往往是美和畅快，引人入胜的，而主题永远悲观。一切对于人生的笼统观察都指向虚无。"《红楼梦》里面的一僧一道早就声明过红尘中虽然有些乐事，但不能永远依恃，而且瞬息间乐极悲生，人非物换，究竟到头一梦，万境归空。但是像《红楼梦》这般悲观的一部小说，里面还是充满了生之愉悦，有那许多日常生活的烦琐细节，有那说不尽的茯苓霜、玫瑰露、藕粉糕、鹅油卷、莲叶羹、酸笋汤。为什么？就是因为细节就是美和畅快，引人入胜，而抽象归纳的思维永远指向虚无。

虽然到头来万境归空，纳入黑洞，但在这来去之间的一段过程，还是需要由五彩缤纷的细节去填充。《巨人传》里面也引用过"自然最忌空虚"的话，因此书中的饮饮食食，也不外是带来喜乐的一种填充和补白。书中的巨人卡冈都亚打了一场胜仗之后，回归拜见父王大肚量。大肚量听了喜讯，便开开心心地大排筵席。接着列出的烧烤清单就有三四十样的野味，包括母牛、小猪、鹌鹑、野兔、虎豹、水鸭、白鹄，等等。清单以"大量粉蒸团子和各样菜汤"作结束。

这"粉蒸团子"是鲍文蔚译本中的译法。成钰亭的译本译成的是"大量的库斯库斯及各样浓汤"。这"大量的库斯库斯"在法文原著中是"force coscossons"。至于英译本，也只是含糊其词地译作“dumpling”（饺子），只有 Samuel Putnam[①] 的英译将之译成“couscous”。

库斯库斯（couscous）是源自北非的一种食料，是硬质小麦内胚乳粉，也可以是大麦粉或青麦粉。Couscous 的意思有三种说法，一说是指雏鸟的食粮，二说是“磨成细粉”，还有一说是：麦粉放在陶锅中，锅底有小孔，陶锅放在只有一气孔的陶锅上隔水蒸，水蒸气透过气孔便发出“库斯库斯”的声音来。库斯库斯这种麦粉蒸熟之后，用手搓成小丸子，趁热吃。吃的时候通常配鸡肉或蔬菜浓汤。

① Samuel Putnam（1892—1950），塞缪尔·普特南，美国翻译家、拉丁系语言学者。

吃的想象

现时家里的食用异常浪费。主要是因为人口多，吃起来各有各的路数，似乎是各自走各自的，走着走着又碰了头。例如说，我和老伴出外喝早茶，会把吃剩了的叉烧酥斋粉卷打包拎回家；女儿兴致好做了个凯撒沙律，走来楼下敬我一碟；小儿和他的太太上日本馆子，不忘给我带回来一盒寿司刺身。一下子中、西、东洋食品全部汇在一处，统统百川归洋似的都往冰箱一送。

这边厢老伴又兴致勃勃地做了一大盘枝竹烧腩肉，偏生小儿临时说要和朋友出外吃饭，刚巧我又胃口欠佳，香喷喷的肉只略动了一两块便把筷子搁下。末了还不是暂时存放在已经爆棚的冰箱。从前有潲水桶又还好一点，好歹拿去喂养家畜，循环再生，依旧化成食品，而如今却全部都逃不掉沦为垃圾的悲惨命运。

口中虚应故事地道一声罪过，但做起菜来还不是照样大刀阔斧地去芜存菁。剥洋葱剥生菜闲闲地剥去两三层方肯罢休，切葱花只取葱白，煲鸭汤把鸭皮鸭油剥得大精光，鸭头鸭脚鸭屁股全部引刀成一块，将一只水上畅游的美丽生物折腾成一团粉红的肉球，方算是功德圆满。

滋味无穷

我何尝不知道在严谨的格律限制之下方能写出动人的诗篇，而漫无节制的书写只会徒然惹人生厌。然而今天我在厨中做炸鸡翼之时，还是把鸡翼的尖端一一斩掉，脑海中却浮现了从前路边的小食摊子的一款串烧：把鸡翼尖用竹签串成了蝴蝶展翅的姿态，照样地烧烤得黄油闪亮香喷喷。买一串拿在手中边走边吃，也滋味无穷。有越南难民初到纽约，以贱价把菜市弃掉的鸡翼尖买回家煮冬瓜汤，汤成之际，把鸡翼尖冬瓜捞起用碟子盛起，又算是一样菜。

这完全叫我想起拉丁美洲的魔幻小说大师加西亚·马尔克斯在穷困的日子里，把一副鸡骨拿来煮汤，煮好了再把鸡骨取出挂在窗口风干，留待下一次再用。这样煮成的鸡汤吃的是什么？当然是想象力，依附在那在风中伶仃摆荡的鸡骨，居然也就发挥了无边无际的魔幻力量，正如大师把少女失踪的家常题材，一下子幻化成美人蕾米狄奥升天的传奇了。

辘辘的饥肠正好可以引致头脑的空灵，推动艺术创作的想象力同样可以用在饮食上头。只要想象力一天不枯竭，这鸡骨汤便可以循环不息，周而复始地永远煮下去、喝不停。咱们的莫言在《吃事三篇》里面描述饥饿，谈到他母亲的一个梦："她梦到自己在外祖父的坟墓外边见到了外祖父。外祖父说他并没有死去，他只是住在坟墓里而已。母亲问他吃什么，他说：吃棉衣和棉絮。吃进去，拉出来，洗一洗，再吃进去，拉出来，再洗一洗……母亲狐疑地问我们，也许棉絮真的能吃？"

异曲同工

这富有家乡风味的棉衣棉絮和魔幻大师的鸡骨并排上碟，真可谓异曲同工，更进一步了，因为鸡骨到底还算是食物，而这棉衣棉絮则把衣和食之间的界限打通。在中国人的观念之中衣食一向是相连的，因此在饥荒的年代，民间的想象力也就依循这个理路而加以施展了。

吃的想象力，也发挥在饮食的名称上头，莎翁的名句"玫瑰换了一个名字，还不是同样的芳香"恐怕得不到点心阿姑的认同。你试试上茶楼叫一碟鸡脚，包保她立刻更正曰："凤爪。"当然是凤爪豪华瑰丽，增添食欲，广东人口中的"鸡咁脚[①]"和"鸡手鸭脚"并不是好话，在吃的时候自当忌讳则个[②]。新春期间的猪手蚝豉发菜什么的，信手拈来就幻化成横财就手和发财好市的

① 鸡咁脚，粤语，通常指看到他人做了某件事（多指负面事件）后马上离开，脚步急匆匆的，就像公鸡受到惊吓迅速逃开一样。

② 则个，放在句子中作语气助词，表示委婉、商量或者解释。

吉利意头，这也是想象力的灵便活弄。主要的原因恐怕还是因为中国吃的历史实在艰苦困难，饥荒的年代接二连三，吃树皮树根之际多少要借助一点想象力去化腐朽为神奇，方才得以下咽。

《清异录》中的第一卷官志十六项中第九项记时戢的逸事，题曰“小宰羊”：“时戢为青阳丞，洁己勤民，肉味不给，日市豆腐数个。邑人呼豆腐为小宰羊。”一般贫苦大众，由于补偿心理作用，利用名称把豆腐变作羊肉，不忘加个“小”字，自娱之际不忘幽默。从前冬日路边叫卖糖炒栗子的喜欢高声唱道：“鸡蛋黄一样。”同样是以荤代素的心理。在胆固醇恐慌的年代，这样的宣传有反效果。

有点魔幻

莫言在散文中说人的智慧是无穷的，尤其是在吃的方面。饥荒时期，有人发觉“上过水的洼地地面上有一层干结的青苔，像揭饼一样一张张揭下来，放在水中泡一泡，再放到锅里烘干，酥如锅巴”。青苔化作锅巴，当然也是因为深明“名正言顺，吃之有理”的大原则。莫言又道：“对饥饿的人来说，所有的欢乐都与食物相关。那时候，孩子们都是觅食的精灵，我们像传说中的神农一样，尝遍了百草百虫，为扩充人类的食谱做出贡献。”他们吃周身发亮的油蚂蚱、奇香异气的黑蟋蟀、满肚白色油脂的“瞎眼撞[1]”。但也有出岔子的时候。有一次莫言捕到了一条奇怪的鱼，周身翠绿，翅尾鲜红，可惜吃起来味道腥臭，难以下咽。比这翠身红尾的鱼还要魔幻的是吃煤块。有一个生痨病的杜姓同学对莫言说有一车亮晶晶的煤很香，于是一班同学咯咯崩崩一片响地嚼煤，果然香极了。后来姓俞的女老师也狐疑地试着品滋味，结果也说很香。莫言说：“这事有点魔幻，我现在也觉着不像真事。”

照我的看法，是饿出境界来了。《越剧艺术家回忆录》（1982）里面的赵瑞花回忆当年越剧戏班生意不景之时，伙食甚差，有时只有一道“干笋蘸毛盐”小菜；原来那是把竹筷子点盐花来下饭。添上这样一个菜式名称，真是艰苦之际不忘自嘲，又可以借此带来进食的乐趣，真是想象力的典范。

---

① 瞎眼撞，即金龟子。

做菜容易买菜难

谢宁[1]在专栏介绍了一道“芦笋银杏野姜花”，果然是好菜式好名字；图中的姜花洁白透明，如同一只正在休憩的蝴蝶，仿佛之间可以闻得怡神清香。从前在香港，碰上了大暑天，简直足不出户，连电影会放映张爱玲的《太太万岁》（1947）亦不为所动，只在厅中案头供着一大瓶姜花，冷气低吟如同远方的松涛，而自己便盘膝坐在竹席上翻看《萝轩变古笺谱》。

可惜在纽约这边从来没有遇见过姜花，想试做这菜式也难，只得连图带文一并剪存，以目代舌，望梅止渴一番。论理，这菜式里面的姜花用荷花代替，也可以混得过去，奈何就不再是那么一回事。我对喜爱的菜谱，总抱有宗教似的忠诚，务求在用料和调制过程方面，一一存真，原汁原味。记得曾经为了一只奄列的用料需要肉豆蔻，便即时乘渡海小轮前往中环精品店搜购。又

① 谢宁，香港演员，曾获 1985 年“香港小姐”冠军。曾主持饮食节目，创办月饼品牌，并与友人合作创办食品连锁店。

例如说，夏日炎炎，最佳莫如做一道清热的荠菜豆腐羹，但新鲜的荠菜没处找，急冻的又没有意思，只好作罢。做菜如做人，委曲求全并没有好结果。没有最好的，索性不要。

不冤不乐

记得小时候（仿佛是……什么仿佛是，根本就是上一世纪的事情了）为了做吉列猪扒，和玩伴陈文基一同四出寻访有面包糠的杂货店。有人劝说用梳打饼干压碎了也充得过去，我左着性子不听，一个牛心向着面包糠。好不容易找着了，一只白纸袋包了拎回家，那焦黄的碎粒贵重如同金粉。现今市面上有各种配料味道的面包糠，却没有使我兴奋和着迷的魔力——那寻找过程的焦虑和找着的喜悦。不冤不乐，是之谓也。

况且做菜这回事，用料的优劣发挥了决定性的作用。厨师有天大的本领，却无法将腥鱼馊肉变成美味可口的小菜。袁枚在《随园食单》里有“先天须知”一段：“凡物各有先天，如人各有资禀。人性下愚，虽孔、孟教之，无益也；物性不良，虽易牙烹之，亦无味也。指其大略：猪宜皮薄，不可腥臊；鸡宜骟嫩，不可老稚；鲫鱼以扁身白肚为佳，乌背者，必崛强于盘中；鳗鱼以湖溪游泳为贵，江生者，必槎枒其骨节；谷喂之鸭，其膘肥而白色；壅土之笋，其节少而甘鲜；同一火腿也，而好丑判若天渊；同一台鲞也，而美恶分为冰炭；其他杂物，可以类推。大抵一席佳肴，司厨之功居其六，买办之功居其四。”买办，当然是指上市场搜购原料作料的，而他才是一席佳肴的大功臣。

将就些儿也罢？

最简单的例子：我是随口白说了一句想吃白苋，老伴便得跑上三四家超级市场，才找得理想的一扎白苋菜，只因为一家只卖红苋，一家有白苋，却嫌太干太老。又例如吃橙，老伴一定要买药房对面那家水果店下午六时之后推出的橙，因为那时候的橙才最甜最多汁，也不知道是基于哪一种神秘莫测的理由。我也有点疑心那是因为配合她搓麻雀搓到那个时候，天衣无缝。不过她买回来的橙果然甜美多汁。我最喜用来去皮取肉，和草莓、凤梨混在一处，加蜜糖和威士忌，做成杂果沙律。

总言之做菜容易买菜难。诚如《红楼梦》里面的大观园厨子柳家的所言：“你们深宅大院，水来伸手，饭来张口，只知鸡蛋是平常物件，哪里知道外头买卖的行市呢。别说这个，有一年连草根子还没了的日子还有呢。我劝他们，细米白饭，每日肥鸡大鸭子，将就些儿也罢了。”有很多作料受到季节和空间的限制。《追忆似水年华》（*À La Recherche Du Temps Perdu*, 1913—1927）的作者说：“我们的食谱，就像13世纪人在大教堂门上雕刻的四分叶状浮雕一样，多少反映了一年四季和人生兴衰的节奏。”例如说，吃醋栗是因为再过半个月就吃不上了；吃樱桃是因为园子里那棵两年不结果的樱桃树又重新结出第一批果实。看来一蔬一果，皆千载难逢，得之不易。即使超级市场上摆卖的树菠萝、鲜淮山、嫩黄瓜，亦稍纵即逝，想吃的时候去找偏又找不着了。

充数莫如虚位

张爱玲在《谈吃与画饼充饥》一文中曾说在旧金山的唐人街只买得着发酸的老豆腐——嫩豆腐没有。这还是20年前的情况，如今纽约唐人街要方便得多了。饶是如此，有些东西还是找不到，例如说，天然腌制的皮蛋、新鲜的牛腩、肥美大闸蟹、猪肺猪脑、金华火腿、新鲜红衫鱼。闻说如今红衫鱼即使是在香港也变得奇货可居了，而往日西红柿红衫鱼是很便宜的家常小菜，百吃不厌。红衫鱼粉红的身子上有明艳的黄线，很是悦目。新鲜的猪脑买回来，细细地用牙签把红膜挑去，清水漂洗得变成一块雪脂状物体，加花雕姜片清炖。入口鲜嫩，柔滑更胜豆腐。好久没有尝到这样的异色美味了。金银菜肚肺汤，亦成绝响。小时候，妈妈把一双缩小了的猪肺买回来，叫我把猪气管套在龙头上，用自来水来冲洗，但见自来水把肺叶膨胀成一双肥润的巨翅，蔚为奇观。这猪肺我一冲洗便是半小时，慢慢地看着猪肺转为洁白晶莹，很是愉快。

食谱中很多时候在用料方面会注上一笔：如果没有新鲜的，可用罐头。如果没有新鲜的，可改用干货。我总觉得这是折衷派、改良主义，很有投机的嫌疑。照我的意思，如果没有那样作料，干脆不做那道菜。

与其滥竽充数，不如虚位以待。

《礼记》中的饮食卫生

小儿回家，给我带来一盒酥炸软壳蟹，我吃他在看。吃时蘸辣椒酱油，正吃得十分滋味，小儿却道："唔，怎么鳃没有拿去？"一看果然有残余的灰色条状物，大大地影响了胃口。街坊饭店的厨子可恶，怕麻烦贪方便，完全不顾卫生，叫人以后引以为戒。蟹体之内还有一小块灰白色的六角形滑皮，俗称六角子，听说是大寒之物。宁可信其有，吃蟹之时小心将之取出，免得吃入腹中患得患失、疑云暗涌。

为求吃得安心，居家厨艺首重洗刷清除。如今农药无处不在，一切蔬果皆得用自来水大力冲洗、适时泡浸。鱼要剪鳃打鳞，蒜要去衣拍扁；去芜存菁，不得含糊。一个不小心，小宝宝又闹肚子痛了，又或者老安人[①]皮肤敏感出红斑，皆因主妇粗心大意之过。

例如说，坐月子的妇人吃的生姜八珍甜醋，那生姜要把皮削刮干净，原因是生姜皮性味辛凉，与生姜肉药

① 老安人，指老妇人、老夫人。

性正好相反。因此药用生姜，就有“留姜皮则凉，去姜皮则热”之说。但心思灵巧的婆婆又会把大量的姜皮晒干留下，给坐月子的媳妇用作浴汤，有“消浮肿、退虚热”之功。可见一物有一物之特性，总要分得清、用得精，不能互相混淆。同是一块姜，姜肉和姜皮的性能各有不同。不过一般食用调味之生姜，则不必去皮，只要洗净便可。又例如枣核比较燥热。我也记得处理鲤鱼，先要把鲤鱼背上的两条线状白筋去掉。我翻看《本草纲目》，果然看见“鲤脊上两筋及黑血有毒，溪涧中者毒在脑，俱不可食”。

有时食物的清除纯是为增添食味情趣，却和卫生无关，如核桃去衣，是为了辟去苦味，洋人吃红、橙、黄、绿的大灯笼椒，喜欢把那层透明的薄皮去掉，吃起来果然爽利得多。我自己偶然有闲情弄一味麻辣鸭舌，必然会得耐着性子先把鸭舌里头的那条软骨一一抽掉，那到了吃的辰光才通畅愉快。杀鱼去肠脏不小心把鱼胆弄破，鱼肉染上胆汁，苦不堪言，只好报销。这是算好的，处理河豚可就危机四伏，皆因河豚体内的河鲀素分布内脏，且有季节性的变化游走，捉摸不定，因此洗刷清除的过程更为复杂繁难了。

咱们的《礼记·内则》，也有好些有关食物处理的文字。所谓“内则”，照郑注目录云：“名曰内则者，以其记男女居室事父母舅姑之法。……以闺门之内，轨仪可则，故曰内则。”现代化一点的说法，内则就是家政，当然也就涉及主妇必须知道的厨艺和饮食卫生。“内则”有如下一段：“牛夜鸣则庮；羊泠毛而毳，膻；狗赤股而躁，臊；鸟皫色而沙鸣，郁；豕望视而交睫，腥；马黑脊而般臂，漏；雏尾不盈握，弗食。舒雁翠，鹄鸮胖，舒凫翠，鸡肝，雁肾，鸨奥，鹿胃。”

这一段文字很有趣。说夜里鸣叫的牛其肉则有臭恶之气，想是经验之谈。牛夜鸣想是病了，其肉自不宜作食用。其他如羊的毛疏落，狗屁股无毛，鸟毛色暗哑，鸟鸣沙嘶，都是病态，其肉当然也就不能吃了。这些流露的都是常识。至于禁食的内脏包括了鸡肝，我却不敢苟同，黄沙鸡肝切片炒腰果青椒乃美味之家常小菜，我最爱吃。

清代才子袁枚在《随园食单》内也有一则洗刷须知如下："洗刷之法，燕窝去毛，海参去泥，鱼翅去沙，鹿筋去臊；肉有筋瓣，剔之则酥，鸭有肾臊，削之则净；鱼胆破，而全盘皆苦；鳗涎存，而满碗多腥；韭删叶而白存，菜弃边而心出；《内则》曰：'鱼去乙，鳖去丑。'此之谓也。谚曰：'若要鱼好吃，洗得白筋出。'亦此之谓也。"

这里说的燕窝去毛、鱼翅走沙，都是常识，并非什么独特见解。至于说鱼要洗得白筋出是指一般鱼肚中的黑膜最腥，必须洗刮干净得使鱼骨微微露出如同白筋云云。当然有人认为上好的鲜鱼肉只要略为冲洗便可，不然的话把肉的鲜味都冲淡了。文中又引用了《礼记·内则》篇，意思却有点混乱。原来的文字是提及一些其他的动物："狼去肠，狗去肾，狸去正脊，兔去尻，狐去首，豚去脑，鱼去乙，鳖去丑。"

综合来说，各种动物吃之前要去首去尾去内脏。但

“鱼去乙”的“乙”是什么？一说是鱼目旁边的鱼骨，状如篆书中的“乙”字，食之鲠人，拿不出来，十分危险，因此要去掉，但是根据《尔雅》的说法是“鱼枕谓之丁，鱼肠谓之乙，鱼尾谓之丙”。鱼肠称“乙”，是因为“乙”的甲骨文状如曲线、形似鱼肠。照道理，鱼肠可以入肴，肥大的鱼肠蒸蛋尤其美味。不过也说不得准，古人有古人的饮食观点。说是鱼骨，所有的鱼骨皆能鲠人，为何单只针对这鱼目旁边的骨？

至于“鳖去丑”的“丑”，也有两种说法。一说是颈下有软骨如龟形者，食之令人患水病。这是《本草纲目》的说法。也有说“丑”是窍的意思，但窍有上窍和下窍之分：上窍是眼耳口鼻，下窍是前阴后阴，即生殖器和肛门。既然称“丑”，大约是指肛门吧。

由此可见，古籍中的一些文字含义有时也只可以凭猜测去推断。“内则”的食物清除见解，也只可作一趣味性的参考。

菜谱如曲谱

厨艺这回事，有如绘画唱歌，多少总得讲天分。大厨退休之后设馆授徒，私底下透露，学生之中真正能把菜式煮得像样的顶多只有三分之一，其余的三分之二再下苦功学习也难成大器，因为对食物气味缺乏天生的感应和体会。有些人依足菜谱程序，照样把一道菜煮成一镬泡，有些人将菜谱过目一遍，然后丢开，自己融会贯通，把一道菜烹调出自己的风格来。

有断估　无痛苦

厨艺是鲜活流动的经验和体验，菜谱却将之化成固定凝滞的白纸黑字。菜谱经过了几百年的演变，当然是越变越准确，但是依然会出问题、生意外。

清代食谱大观《调鼎集》里面有一道“炒鸡血”：脂油、葱、姜、酱油、酒、醋同炒，以嫩为妙。又，鸡血加肉打蒸。又，取鸡血为条，加鸡汤、酱、醋、芡粉作羹，宜于老人。又，鸡血未炖熟者，和石膏豆腐或鸡蛋清同搂，用铜勺舀焖。

你看这菜谱材料的成分多少完全欠奉。不喜欢的说它含混不清，叫人无从入手。喜欢的却又说这样的菜谱胜在清简流丽，又留下了多少地步空间，供后人自由发挥、随意添减。

让我们再看看英国16世纪菜谱中的一道羊肉鸡汤：把羊肉和鸡放入水中煮透，加入两把卷心菜和生菜，一把葡萄干，一大块牛油，两三只柠檬取汁，大量胡椒，一大块糖，全部加入共煮，然后加入三四个蛋黄，再煮一小时。

这样的菜谱和咱们的《调鼎集》异曲同工，纯是一种参考和提示，非常的粗枝大叶。“一把”是多少？人的手有大有小，如何作准？“一大块牛油”是多大的一块？柠檬是“两三只”，蛋黄是“三四个”。到底是两只，还是三只？是三个，还是四个？因为菜做成之后的口感和味道会大有分别。

有心人把这菜谱加工改良，成分一一列清：鸡肉1.5磅去骨切块、羊肉1磅切成方块、卷心菜半棵、生菜半棵、葡萄干1/2杯、牛油2汤匙、盐1茶匙、糖1/4杯。

越仔细　越闭翳

这样一来仿佛清楚明白了，却原来照样会生出问题来。朱利安·巴恩斯（Julian Barnes）的《厨房学究》（*The*

Pedant in the Kitchen, 2003）里面有这样的一段，学究和他的女朋友为了款待一对新婚的瑞士朋友，决定煮一味香草酱鲑鱼。两块厚厚的鲑鱼肉中间夹着牛油、姜茸和茶藨子，然后再包在饼皮里烤半小时。学究和女朋友分工合作。学究负责把鲑鱼去皮起肉，女朋友则负责做酿料和香草酱。幸好这道菜出现在两本菜谱书中，一是《鱼菜谱》，一是《英伦饮食》，而两本书的作者是同一人。这再方便也没有了。于是两人各自对着一本菜谱，依着书中的指示从事。

女朋友问学究要一汤匙的茶藨子。

“菜谱中可有说明要满满的一汤匙，还是堆得高高的一汤匙？”

“并没有说，即是既不要满满的，也不要堆得高高的。”

“那就该是平平的一汤匙了。”

女朋友又说了：“这里可有点不清楚：香芹、龙蒿、细菜芹。却没有分量。”

该死的菜谱老是这样。遇到这样的情形，学究的应付方法如下：如果作料是自己喜欢的，多加一点；如果作料自己不大钟意，用少一点；如果作料自己讨厌，就索性弃而不取。

学究又问起杏仁来了，因为他对着的菜谱说：“满满的一汤匙切碎的白煮杏仁。”

女朋友说她的菜谱中却并没有杏仁。因此两人把两份菜谱对照一番，有如下发现：A 菜谱中有杏仁，B 菜谱中没有；A 菜谱中有平平的一汤匙茶藨子，B 菜谱中是堆高的一汤匙葡萄干；A菜谱中说两块姜，B菜谱中是四块；A菜谱用四安士[①]牛油，B菜谱中用三安士；A菜谱中的香芹、龙蒿和细叶芹并无列明分量，B菜谱中却说一茶匙的切碎龙蒿和细叶芹。

天才波 即兴多

为什么同一作者的同一菜谱居然也有出入？这不过是一再说明，一切的艺术创作，只是过程，永远可以一改再改。法国文豪马塞尔·普鲁斯特（Marcel Proust）的《追忆似水年华》，经他增删多次，直至气绝身亡，始终是个未定本。达·芬奇感叹自己一生没有真正完成过任何一幅画。那更何况区区一道菜谱？大师傅写菜谱，今天写喜欢有杏仁，改天再写，想想还是不要了。为什么？纯是即兴，纯是直觉。即使菜谱定了，谁也不要天真地凭着一成不变地做菜，因为厨房里的实际情况要比菜谱所描述的复杂。总得就地取材，随机应变。

同一菜谱，经不同人手，闲闲地可以调出十种不同的风味出来，正如莫扎特的一首咏叹调，经不同的歌者演绎，各有风格境界。

① 安士（盎司），重量单位，一盎司约为28.35克。

汤匙、茶匙和杯

菜谱中的“汤匙”、“茶匙”和“杯”，其实是有固定规格分量的。

汤匙的匙斗一般长3英寸、阔1.75英寸。

茶匙的匙斗一般长2英寸、阔1.25英寸。

一汤匙 = 15毫升

一茶匙 = 5毫升

一杯 = 250毫升

一汤匙是一茶匙的三倍。

追踪萝卜

张爱玲在短篇散文《说胡萝卜》（1944）里面的起首这样说：

“有一天，我们饭桌上有一样萝卜煨肉汤。我问我姑姑：‘洋花萝卜跟胡萝卜都是古时候从外国传进来的吧？’她说：‘别问我这些事。我不知道。’”

这里的“洋花萝卜”，其实是“杨花萝卜”。张爱玲凭音索字，见字生义，想这洋花萝卜和胡萝卜分明是一个对子，盖“洋”“胡”皆指外来之物，洋有洋葱、洋梨，胡有胡瓜、胡椒。因有那样一想，才有这样一问。

张爱玲是看了汪曾祺的短篇小说《八千岁》，才恍然大悟草炉饼的正名，我也是读了汪曾祺的散文《家常酒菜》才知道“洋花萝卜”是“杨花萝卜”。当以汪曾祺为准。汪曾祺对苏浙一带的农作物和民间饮食了如指掌，并且曾画过一套《口蘑图谱》。他在文中且有简要的解释：“小红水萝卜，南方叫‘杨花萝卜’，因为是杨花飘时上市的。”《蔬食斋随笔》（1983）里面也提到中国各处的14种萝卜，其中就有“南京杨花萝卜”。

父亲说这个杨花萝卜有手指粗，长可二寸，也有圆形的，小小的像个蛋，皆作艳红色，通常不煮，却作腌渍。用刀背一拍，红皮裂开，露出白肉，放白糖和醋腌了来吃。汪曾祺的拌萝卜丝做法如下，用的也是杨花萝卜：“洗净，去根须，不可去皮，斜切成薄片，再切为细丝，越细越好。少加糖，略腌，即可装盘。轻红嫩白，颜色可爱，扬州有一种菊花，即叫‘萝卜丝’。临吃，浇以三合油（酱油、醋、香油）。”香油即麻油。看来这个拌萝卜丝比父亲说的糖醋萝卜要精致考究得多了。文中说的“轻红嫩白”，和父亲说的红皮白肉吻合。

《本草纲目》里有“莱菔”条：“莱菔乃根名，上古谓之芦葩，中古转为莱菔，后世讹为萝卜。”莱菔和萝卜的音近似，本是萝卜的总称，后来莱菔转而专指杨花萝卜。《本草纲目》中又云：“其叶有大者如芜菁，细者如花芥，皆有细柔毛，其根有红、白二色，其状有长、圆二类。”说的似是杨花萝卜。李时珍研究本草不忘饮食，在《纲目》中说：“根，叶皆可生可熟，可菹可酱，可豉可酿，可糖可腊，可饭，乃蔬中之最有利益者，而古人不深详之，岂因其贱而忽之耶？抑未谙其利耶？”

清代孙樗的《余墨偶谈》里面有“扬州人士谓萝卜小而红者为女儿红，自初冬卖至晚春，其色娇艳可爱”。《滇海虞衡志》里面也记过云南出产的一种萝卜：“颇奇，通体玲珑如胭脂，最可爱玩，其至内外通红，片开如红玉版，以水浸之，水即深红。”杨花萝卜除了红皮白肉之外，也有肉作奶黄色和红色的。

《素食说略》里面有莱菔菜四种如下：

“烧莱菔——莱菔切小拐刀块，水莱菔最佳，以香油爆透，再以酱油炙之，搭芡起锅，甚腴美。

烧钮子莱菔——此莱菔来自甘肃，如龙眼核大，甚匀圆，用囫囵个以前法作之，大脆美。（青、甘一带又叫这种萝卜为红蛋蛋、白蛋蛋。）

莱菔圆——用京师扁莱菔，陕西天红弹莱菔，无则他莱菔亦可用。切片煮烂，揉碎，加入姜、盐、豆粉为丸，糁以豆粉入猛火油锅爆之，搭芡起锅，甚脆美。

莱菔汤——京师扁莱菔，陕西天红弹莱菔为最上，其余莱菔次之，用莱菔七成，胡莱菔三成，切片或丝，同以香油炒过，再以高酱油烹透，然后以清汤闷之，闷之莱菔极烂，其汤即为高汤，或浇饭，或浇面，或作别菜之汤，无不腴美，余每日止以浸软蚕豆去皮煮汤，或莱菔汤，浇饭浇面吃饼，甚为适口，胜肥浓多矣。”

从这四式菜谱中我们可以看出莱菔种类之多样化。水莱菔相信就是常见的大白萝卜；红蛋蛋似是洋人的Easter egg（复活节彩蛋），红色的极细小。至于陕西的天红弹莱菔，莫非就是杨花萝卜？而杨花萝卜，即是洋人所说的Cherry Belle（樱桃萝卜）无疑。

安德鲁·F.琼斯（Andrew F. Jones）译张爱玲的《流言》（*Written on Water*, Columbia University Press, 2005），译至《说胡萝卜》一篇，把洋花萝卜译作turnips（芜菁，或称圆头菜、大头菜），失确。我曾建议译为radish（做沙拉用的小萝卜），但却还没有说到头。Radish只是总称，如果译成Cherry Belle，则可以说是译到点子上了。

说说胡萝卜

张爱玲在1944年12月发表了她的散文集《流言》，其中的第十六篇是《说胡萝卜》：

“有一天，我们饭桌上有一样萝卜煨肉汤。我问我姑姑：‘洋花萝卜跟胡萝卜都是古时候从外国传进来的罢？’她说：‘别问我这些事。我不知道。’她想了一想，接下去说道：‘我第一次同胡萝卜接触，是小时候养“叫油子”，就喂它胡萝卜。还记得那时候奶奶（我的祖母）总是把胡萝卜一切两半，再对半一切，塞在笼子里，大约那样算切得小了。——要不然我们吃的菜里是向来没有胡萝卜这种东西的。——为什么给“叫油子”吃这个，我也不懂。’”

水晶在《张爱玲的小说艺术》（1973）中说张爱玲因为家道中落了，借用胡萝卜一事，来抒发“今不如昔”的感慨。张爱玲却在给水晶的信件上郑重声明：“忽然记得《说胡萝卜》那篇，我姑姑说从前只喂叫油子，是指吃菜习俗的变迁，因为中国人从前不吃胡萝卜西红柿等。不是说家道式微。”语气似有不悦。

其实呢，作者有作者的解释，但作品一旦脱离了作者而独立存在，面对读者，读者可以各自有不同的演绎。况且这类散文，本来就着重于感性和自由联想，那就更加不必以作者的解释为准，至多可以用来作为一个参考。

张爱玲说此文说的是吃菜习俗的改变，从前中国人不吃胡萝卜西红柿，如今用来做肉汤。这话也有商榷之余地。因为远在明朝的《遵生八笺》里面，就有两则胡萝卜鲊和胡萝卜菜，而根据已故古农学家石声汉先生分析，凡植物名称前冠以“胡”字的，为两汉两晋时由西北引入。可见中国人很早就开始吃胡萝卜了。文中的萝卜煨肉汤，想并非胡萝卜，而是白萝卜，即是日本人说是“大根”的那一种。张爱玲因吃萝卜汤而想起了胡萝卜，是因话提话，萝卜煨肉汤用五花腩肉放在锅中加水煮至八成熟，再加入切成薄片的萝卜共煮，肉煮熟后取出切成薄片，再放回汤中，加盐调味。煮汤时可加姜葱去膻味。此汤味甚清鲜，肉片可捞出，淋上酱油、麻油、豆瓣酱和醋调成的佐料汁，便又是一样荤菜。

根据张子静在《我的姊姊张爱玲》一书中所记述，张爱玲自1942年从香港返回上海，仍与姑姑共住在静安寺路赫德路口192号的爱丁顿公寓5楼51室，至1947年为止。其时姑姑早已卖掉了车子，辞退了厨子，只雇用了一个一周来两三次的男仆。一日三餐和其他家务皆需自理。张爱玲写这篇短文的时候，早已要亲自上街买菜了，正如她诗中所说：“我真高兴晒着太阳去买回来/沉重累赘的一日三餐。”她和姑姑吃萝卜汤，姑姑却回忆小时候用胡萝卜喂叫油子。水晶因此兴起了“今不如昔”的想法，虽然有点附会，却也无不可。

然则“叫油子”又是什么呢？《流言》的英译者Andrew F. Jones 在《Written on Water》里面，将之译作hamster（仓鼠），真是相差十万八千里，太过轻率了。我去问父亲，他说：“我当然知道，小时候也玩过的，叫油子青绿色，叫声好听，小孩子在田野里捕捉回来放在草织的笼子里玩，喂以青菜。有人说用辣椒喂它，叫声更好听了。叫油子又叫作叫哥哥。”

我这一下子有了线索，去翻《清稗类钞》有“札儿”条：“札儿，全体绿色，长寸许，触角颇长，前胸背绿色带褐，翅稍短于体，上有凹纹如曲尺，发声器在右翅，薄膜透明，略似小镜，以左翅摩擦作声，尾端有尾毛四，栖息草间，秋日儿童多饲养之。朱骏声谓即草螽，今苏俗称札儿，亦称叫哥哥。”可见叫油子即札儿。叫油子似乎没有现成的英译，即使在王世襄著的《说葫芦》（2013）里面，亦只是音译为zhazui，我看可以译作small katydid[①]。译hamster是离了大谱。至于为什么喂叫油子胡萝卜，我想作用和喂辣椒相同，总以为那带刺激性的味道可以使叫油子叫得更响亮。

至于“洋花萝卜”又是什么？父亲说洋花萝卜有手指粗，长可二寸，也有圆形的，也是小小的，作红色，

---

① Katydid 意为螽斯，又称纺织娘、蝈蝈。

可以当水果生吃，也可以腌渍，非常有益，可以去病，当时有个说法是："洋花萝卜上市，医生没有生意。"Andrew F. Jones把"洋花萝卜"译作turnips，恐怕亦失确，看来该是radish。

草炉烧饼的记忆

“前两年看到一篇大陆小说《八千岁》，里面写一个节俭的富翁，老是吃一种无油烧饼，叫作草炉饼。我这才恍然大悟，四五十年前的一个闷葫芦终于打破了。”

张爱玲的这一篇散文《草炉饼》于1989年9月25日在《联合报》副刊发表，因此文中的“四五十年前”该是1940年前后，文中又说第二次世界大战上海沦陷后天天有小贩叫卖草炉饼，那就更加可以敲定是1941年12月之后的事情。孤岛时期的上海，依然保持了表面的繁华，但背后是一片赤贫荒凉，民生无以为继，草炉饼这一种穷人贱粮也就应运上市。连张爱玲的姑姑也若有所思，幽幽地说：“现在好些人都吃。”

张爱玲对这烧饼颇感好奇，“有一天我们房客的女佣买了一块，一角蛋糕似的搁在厨房桌上的花漆桌布上。一尺阔的大圆烙饼上切下来的，不过不是薄饼，有一寸多高，上面也许略洒了点芝麻”。又一次张爱玲在街上遇见了，“小贩臂上挽着的篮子里盖着布，掀开一角露出烙痕斑斑点点的大饼，饼面微黄，也许一叠有两三只，白布洗成了匀净的深灰色，看着有点恶心”。后来姑姑买了一块回来，报纸托着一角大饼，张爱玲笑着撕下一小块吃了，干敷敷[1]地吃不出什么来。

珠灰配柠檬黄是张爱玲最心爱的颜色对照，这里微黄的烧饼和深灰的脏布却是这种颜色对照的黯败版本。张爱玲在接受水晶访问时曾经说过：“像许多人心目中的上海，不知多么彩色缤纷；可是我写的上海，是黯淡破败的。”在当年上海的繁华与浮华的底下，是一片荒凉和苍凉，而这荒凉和苍凉如果有颜色气味的话，就该是这一角草炉饼。张爱玲说这草炉饼“印象中似乎不像大饼油条是平民化食品，这是贫民化了”。

奇异的是草炉饼小贩的叫卖声却给了张爱玲鲜明的印象：“卖饼的歌喉嘹亮，‘马’字拖得极长，下一个字拔高，末了‘炉饼’二字清脆迸跳，然后突然噎住。是一个年轻健壮的声音，与卖臭豆腐干的苍老沙哑的喉咙遥遥相对，都是好嗓子。”又说：“以后听见‘马……草炉饼’的呼声，还是单纯地甜润悦耳。”并且下了这样的结论：“这是那时代的‘上海之音’，周璇、姚莉的流行歌只是邻家无线电的噪音，背景音乐，不是主题歌。”

干敷敷的草炉饼和那甜润的叫卖声又是一种参差对照。张爱玲心目中的上海与别不同。英国文豪狄更斯也在繁荣的伦敦背后看见了灰暗。在《荒凉山庄》（*Bleak House*, 1853）里面，11月的伦敦街道，泥泞处处，似是混沌初开的洪荒宇宙，随时有恐龙出现在街道上行走。

---

① 干敷敷，意思是“干巴巴”。

个性强烈的作家看见的世界自成一格，却依然映照真实。

然而张爱玲说的闷葫芦又是什么？原来她一直弄不清叫卖的说的是“炒炉饼”还是别的什么，直至她看见了小说《八千岁》。《八千岁》出现在汪曾祺的短篇小说集《晚饭花集》（1985）里面，内容描述江北的一位米店店主，节俭成性，刻薄别人，也刻薄自己，每天只吃右邻烧饼店出炉的草炉烧饼。至此张爱玲才恍然大悟。《八千岁》里面这样描述草炉烧饼：“这种烧饼是一箩到底的粗面做的，做蒂子只涂很少一点油，没有什么层。因为是贴在吊炉里用一把稻草烘熟的，故名‘草炉烧饼’，以别于在桶状的炭炉中烤出的加料插酥的‘桶炉烧饼’。”这一段文字似有解释一下的必要。“一箩到底”的粗面，即是“百分之一百的粗面粉”；“蒂子”是搓成的面团种子；“没有什么层”，即是“唔得松化[①]”，因为只用一点点油，所以没有一层层酥皮，而是厚实干硬，结果当然比较耐放，是纯作充饥用途的粗食。

但《八千岁》里面的草炉饼是“贴在吊炉里用一把稻草烘熟的”，因此形态不可能太厚太大（不然的话就不能贴在炉壁上了），这分明和张爱玲在上海所见的不一样：“《八千岁》里的草炉饼是贴在炉子上烤的。这么厚的大饼绝对无法‘贴烧饼’。《八千岁》的背景似是共产党来之前的苏北一带。那里的草炉饼大概是原来的形式，较小而薄。江南的草炉饼疑是近代的新发展，因为太像中国本来没有的大蛋糕。”

① 唔得松化，粤语，意思是“不松软”。

《八千岁》的时代背景是“八一三”之后，即1937年，和上海的孤岛时期十分接近。南北两地的草炉烧饼各有不同，该是穷人流徙，随时随地做出适应变通。我小时候在香港也曾在上海小馆子吃过一种“炕饼”，圆圆厚厚的一底饼子，洒上芝麻，从圆心往外切成三角形的一块块。吃在口中也是干敷敷的，倒有点像张爱玲所见的草炉饼。父亲说他小时候也吃过这种烧饼。他本家的父辈之中有位何聚营，就在河南开茶食店，卖烧饼、油条、馓子，是很清苦的小本营生。每晚还要摆渡再回河北的家。一次途中遇鬼迷眼回不了家，以后就养了只狗。过河之后狗便迎接他。闻说鬼怕狗，从此果然就不迷路了。只是每次狗来迎接，何聚营便飨以卖剩的烧饼一件。狗儿欢天喜地，摇头摆尾和主人一同回家去了。

家厨秘方

很多年以前，当我还在香港的时候，曾有幸得到小不点的邀请，到她家中和一大伙人热热闹闹、高高兴兴地品尝她亲自下厨烹制的红烧牛肉面。小不点说她自己在台湾有缘结识一位真人高士，把牛肉面的秘方传授了给她傍身。她这一说就引起了我的兴趣。小不点只略为透露一二，起码我知道做这牛肉面预早一天便要着手，而牛肉则需经过清水漂浸这一重手续。在我细心试味之下，侦察出这红烧牛肉用的调味料包括了姜、酒和蒜头。当然这些只是皮毛，真正的功夫还在于配料的成分比例和火路的掌握，和一些秘而不宣的香料。不可说，不可说，因此更加显得其味无穷，低徊不已。

从前的大宅门，皆有其独家神厨，各自拥有两度散手，烹制出只此一家的特色小菜，借此广结天下名士，又或者攀交达官贵人。像法国作家普鲁斯特的《追忆似水年华》里面，也有这样的一位家宝神厨，芳名弗朗索瓦丝。

弗朗索瓦丝厨艺不凡，心狠手辣。杀鸡之时割喉断管，鸡的垂死挣扎徒然惹得她失态高呼："畜生！畜生！"把东家的儿子马塞尔吓得浑身发抖，恨不得马上赶她出家门。又一次马塞尔偷偷去厨房视察弗朗索瓦丝宰兔，免它受太多的痛苦，谁想弗朗索瓦丝却说一切顺利，干净利索："我还从来没遇见这样的动物。一声不吭就死了，好像是哑巴。"做她刀下的牺牲品也不容易，挣扎固然惹来咒骂，顺从也只招得嘲笑。好一个麻木不仁、铁石心肠的厨娘。然而也只有这样的厨娘，方有本领烧得一手好小菜，且有独家秘方的冻汁牛肉（Boeuf à la gelée）。

事缘马塞尔的父亲要款待卸任外交官德·诺布瓦，弗朗索瓦丝为了能够在这位达官贵人的新客面前露一手，表现她高超的厨艺，大为兴奋，在前一天便沉浸在创造的热情之中，决定按她的秘方烹制冻汁牛肉。"她对构成她作品的原料的内在质量极为关注，亲自去中央菜市场选购最上等的臀肉、小腿肉和小牛腿，就好像米开朗基罗（Michelangelo）当年为修建朱尔二世的陵墓而用八个月时间去卡拉雷山区挑选最上等的大理石。弗朗索瓦丝兴冲冲地出出进进，她那绯红的面孔不禁使母亲担心这位老女仆会累垮，就像美第奇陵墓的雕刻师（即米开朗基罗）当年累倒在皮特拉桑塔石矿里一样。"

普鲁斯特举重若轻地将一介厨娘和文艺复兴时期的大艺术家相提并论，一点亵渎的意思都没有。他显然认为所有的艺术，不管是厨艺、美术或文艺，都是一理共通，各有千秋的。

德·诺布瓦先生在席间发表了他对拉辛（Jean Racine）

戏剧《菲德娜》（*Phèdre*, 1677）的观后感，在同时弗朗索瓦丝的巧手菜却端上来了："胡萝卜牛肉冷盘亮相了。在我家厨房里的米开朗基罗的巧妙安排之下，牛肉躺在硕大的冻汁结晶之上，那冻汁晶莹如同石英一般。"

德·诺布瓦这位大使先生果然对这一道冻汁牛肉大为赞赏，称这一顿饭为盛宴，又称弗朗索瓦丝为一流厨师，并且说："这是在最高级的夜总会也尝不到的。焖牛肉，冻肉汁没有浆糊气味。牛肉有胡萝卜的香味，真是了不起！"这位大使又添上一句："我真想尝尝府上大厨的另一种手艺，比方说，尝尝她做的斯特罗加诺夫式牛肉（一种俄国奶汁牛肉）。"这位大使先生果然有外交口才，称赞厨娘之余不忘为自己将来的口福铺路。只是弗朗索瓦丝对大使先生施加自己身上的赞美并没有特别地受宠若惊，而且还有点忍俊不禁。"弗朗索瓦丝接受德·诺布瓦先生的称赞时，神态自豪而坦然，眼神欢快而聪慧——尽管是暂时的——仿佛一位艺术家在听人谈论自己的艺术。"这位厨娘果然自视甚高，信心十足。

然而这秘方制成的冻汁牛肉秘在什么地方？马塞尔的母亲也曾说过："谁也做不出你这样可口的冻汁来，当你肯做的时候。"弗朗索瓦丝却回道："我也不知道这是从哪里变出来的。"弗朗索瓦丝说也是实话。"因为她不善于——或者说不愿意——透露她冻汁或奶油的成功的诀窍，正如一位雍容高雅的女士之与自己的装束，又或者名歌唱家之与自己的歌喉。她们的解释往往使我们不得要领。我的厨娘对烹调也是如此。"

换言之，厨艺如同其他艺术，得讲一点天分和直觉。如果对音质和音色没有先天的敏感度，再努力也当不了一流的钢琴家。对烹饪的掌握，除了熟读菜谱和吸收前人的经验之外，还得讲一份先天对味觉的感应。下手调味的轻重比例，直觉比菜谱的说明还要准确。

弗朗索瓦丝说自己也不知道那冻汁是从哪里变出来的，因为那是天分、直觉，再加上精神的集中而成的。以事论事，她也实在说不出来。马塞尔的母亲说"当你肯做的时候"中了要害。肯做就是愿意，正是：心想事成。那是一切艺术成功的奥秘。

当然，也有可以说的成分。弗朗索瓦丝曰："牛肉必须像海绵一样烂，才能吸收全部汤汁。不过，以前有一家咖啡店菜烧得不错。我不是说他们做的冻汁和我的完全一样，不过他们也是文火烧的……"

正邪神厨

中国人说君子远庖厨。在希腊圣哲柏拉图的《高尔吉亚篇》里面，苏格拉底也把烹饪和修辞、智术、美容等量齐观，一并打入为浮夸的次等伎俩，徒具照应肉体的功用，而没有恒久的精神价值。看来中外贤士皆认为厨艺乃是末伎，难登大雅之堂，犯不着在这上头下功夫做文章。幸而也有别具创见的文人勇者，公然承认进食的欢乐，肯定厨艺的价值，如袁枚、贾铭。而英国的伊利莎白·大卫（Elizabeth David）和美国的菲莎女士（M. F. K. Fisher）都是以饮食为专题著作而列为国宝级作家。

丹麦作家卡伦·布里克森在短篇小说《芭贝的盛宴》里，更假借芭贝在自己倾力烹制的盛宴之后发出骄傲的宣言："我是伟大的艺术家。"那是毫无保留的肯定和赞美。中国人的态度比较复杂，也就比较接近真实；一方面说烹小鲜若治大国，一方面又说君子远庖厨，似是自相矛盾，一如孔子说"君子食无求饱，居无求安"，却又说"食不厌精，脍不厌细"；那是因时因地而调动的一种灵活的人生观，符合现实本身的矛盾本质。

所以在中国，我们有易牙这样长调味、喜逢迎的厨子，不惜把儿子烹了来进献桓公，而同时也有像伊尹这样贤良的大厨，把烹饪理论提升至治国平天下的大本领才具，而终于成为商汤的宰相。正是歌者非歌，厨艺可以用来逢迎，也可以用来治国，因人而异。

在法国文豪普鲁斯特的长篇小说《追忆似水年华》里面，弗朗索瓦丝却更是一位兼正邪于一身的厨子。弗朗索瓦丝厨艺高超，远近驰名，一道烤鸡更使她的美名在贡布雷遐迩传播。而对马塞尔而言，“这种美味更显出我对她品性的特殊感受中的温柔甜润的一面。她能把鸡肉烤得那样鲜嫩。鸡肉的香味于是在我的心目中成为她的一种美德所散发的芬芳”。

但是在这美德的芬芳底下是残暴的天性。一天马塞尔下楼时看见弗朗索瓦丝在后院厨房外干粗活的小屋里杀鸡。她正想把鸡的喉管割断，鸡却本能绝望地挣扎。后来弗朗索瓦丝终于把鸡的喉管成功割断，却怒目瞪视着鸡的尸体，余怒未消地骂了一句“畜生”。“我浑身发抖，扭头上楼，恨不得马上叫人把弗朗索瓦丝赶出家门，但是，她一走，谁给我做热呼呼的卷子？谁给我煮香喷喷的咖啡？甚至……谁给我烤那么肥美的鸡？……”

即使在这面对残酷真相的一刻，马塞尔还是难于取舍。这一刻，弗朗索瓦丝的温柔甜润黯然失色，本性毕露，但是马塞尔还是念念不忘那烤鸡：“烤鸡的外皮边上一圈金黄胜似绣上金丝花边的霞帔，那精美的酱汁淋漓而下，也像是从圣体盒里滴下的甘露。”

普鲁斯特故意将这烤鸡用优美的文笔来描绘一番，

并且将之比作天主教的圣餐，因此更加强烈对比出厨娘弗朗索瓦丝的残酷品性。作者并且作了一个比喻，弗朗索瓦丝温柔虔诚和讲究德操的外表掩盖了多少厨房的悲剧，“正如历史发现那些在教堂染色玻璃窗上被描绘成合十跪拜的历代男女君王，生前无不以血腥镇压来维护自己的统治一样”。

在同时，普鲁斯特又将弗朗索瓦丝比作神话中自愿下凡当厨的巨人，只因为她有本领调动一切大自然的力量来作自己的帮手：“她砸煤取火，给待烹的土豆提供蒸气，让上桌的主菜火候恰到好处……”普鲁斯特以这一个下凡巨人的比喻来提升弗朗索瓦丝至神厨一般的地位，但又一下子把她贬作昆虫。马塞尔在好多年之后才知道，原来那年夏天他们之所以吃那么多的芦笋，是因为弗朗索瓦丝不惜命帮厨的女工坐在那里把大量的芦笋削皮，虽然她知道芦笋的气味能诱发帮厨女工的哮喘症，而且发作起来十分厉害。弗朗索瓦丝有一套巧妙而残忍的诡计来实现她的目的，正如一种土居黄蜂，为了在它们死后幼虫仍能吃到新鲜的肉食，不惜借助解剖学知识来发挥它们残忍的本性；它们用尾刺娴熟而又巧妙地扎进象鼻虫和蜘蛛的中枢神经，使俘虏失去肢体活动能力，但又不影响其他生命功能，然后它们把瘫痪的昆虫放到它们虫卵的旁边，好让幼虫在孵化之后立即能吃到无力抵抗又不变味的鲜美肉食。

把弗朗索瓦丝比作这残酷刁钻的黄蜂，可见作者对她憎厌之深切。奇怪的是在书中的第二部作者却反覆地将她比作文艺复兴时期的艺术巨人米开朗基罗，只不过是因为她受东家之命做一盛宴款待名流，便决定露一手，做一道自家秘方烹制的透明冻汁牛肉。“她对构成她作品的原料的内在质量极为关注，亲自去中央菜市场选购最上等的臀肉、小腿肉和小牛腿，就好像米开朗基罗当年为修建朱尔二世的陵墓而用八个月时间去卡拉雷山区挑选最上等的大理石。”

普鲁斯特对这亦正亦邪的厨娘念念不忘，在全书卷终之时竟又再次提到了她。由于她长期和马塞尔相处，“她对文艺工作已经形成了一种本能的理解，比许多聪明人还正确的理解”。马塞尔四处收集印象，把许多的少女、许多的教堂、许多的鸣奏曲来构成小说中的一名少女、一座教堂、一首鸣奏曲，正如弗朗索瓦丝利用许多精选的肉块方才做成了内容丰富的冻汁牛肉。

蓝天清茶

这个吃，真是无所不在，处处都在。人生的酸甜苦辣，都包在里面了。吃苦、吃醋、吃香，有时候还吃到了甜头。在口舌上头占了女方的便宜叫吃豆腐，挨骂挨打是吃排头和吃耳光，挨不住是吃不消。人生路途走得顺利，春风得意是吃得开。倒霉的时候说不定却要吃官司，又或者朋友拒而不见，请君吃其闭门羹。当然还会碰上了可餐的秀色，那时候就实行眼睛饱吃冰淇淋了。

这秀色倒又不一定是指女色而言。这个色即是空的色，可以指五光十色的大千世界，龙蛇混杂，美丑共存。碰到难看丑怪的事物，本能地把目光调整转移，遇到了悦目怡神的东西，自然也会暂时以目代舌，享用一番。饮和食德[①]要讲究色香味，可见口福和眼福是一理共通，互相交融地组合成更高层次的享受。

《红楼梦》第八回里面，宝玉吃了半碗茶，忽又想起早起的茶来，因问丫环茜雪："早起沏了一碗枫露茶，

① 饮和食德，古人追求"饮龢食德"，即饮要和谐，食要道德。

我说过，那茶是三四次后才出色的，这会子怎么又沏了这个来？”茜雪回说这枫露茶给宝玉的乳母李嬷嬷吃了。宝玉大怒，把手中的茶杯顺手往地下一掷，吵着要把乳母撵走。这里表现的当然是宝玉娇生惯养的公子哥儿脾性，但也说明了深懂吃茶之道：茶色和茶味并重。这个枫露茶，要泡至第三四次那颜色才达到理想，得之不易。李嬷嬷却一个老实不客气把它吃掉了，宝玉如何不气。看来宝玉对茶色之重视，比茶香茶味尤甚。值得留意的是后来晴雯死了，宝玉设祭，就特地献上了一碗“枫露之茗”。

我这一向冬日喝茶，用了一只小小的圆身印度玻璃杯，就是为了好欣赏茶色。天梨的碧绿明净、普洱的红浓亮丽，在案头的灯火照明之下自有一番光华，稿子写得倦了便抬头养眼，倒也心旷神怡，连带思路畅通，得以完成一篇稿子，收工大吉，继而细品茶味，顺便吃一块酸奶柠檬饼。

陆羽的《茶经》也曾描写茶的颜色形状：冲泡好了的茶上面有浮沫，薄的叫“沫”，厚的叫“饽”，轻细的叫“花”。花则“如枣花漂漂然于环池之上，又如回潭曲渚青萍之始生；又如晴天爽朗，有浮云鳞然”。小小的一碗茶汤浮沫，照样叫他诗情画意地联想到晴朗天空上的鳞状浮云。

尊贵的读者且慢说陆羽夸大其词、虚张声势。法国的普鲁斯特在《追忆似水年华》里面，也异曲同工地在夕阳里面看见了烤鸡。马塞尔小时候在贡布雷郊野散步，欣赏那映在池塘中的一抹紫霞，而在同时，“红色的夕阳在我的心目中却同烤炉上的红色火苗互相关联，因为烤炉上的肥鸡对于我来说是继散步的诗情陶醉之后的另一种享受，使我得到解馋、温暖和休息的快乐”。

从夕阳到烤鸡，那是从视觉一路追踪至味觉，是同一享受的延续和变奏，正如陆羽从一碗茶联想到蓝天、白云，从味觉伸延至视觉的享受。真正是古今中外识饮识食之英雄所见略同，心灵交汇感应得叫人惊叹。

小马塞尔去姨妈那边请安。姨妈房中那乍暖还寒时节的阳光，和那蹿起耀眼火苗的火炉，照样引起了小马塞尔的食欲："待在那样暖和的地方，但愿外面雨雪交加、洪水横溢才好，这样也可以给深居的舒适更增添冬蛰的诗情。我在供桌和交椅之间走动着。那些交椅托着毡绒面子，靠背上方总安着方括号形的头靠，熊熊的炉火，像发酵的面团，散发出令人垂涎的芳香，空气也随之布满气泡；清晨湿润而明媚的朝气早已催发出这一层层的芳香，而且把它们一片片翻动，把它们烤黄，给它们打上皱褶，使它们松软膨胀，从而做成一大块虽无形迹却香甜可口的乡村糕点，简直像一大张脆皮夹心饼。"在这里，小马塞尔因为看见了熊熊的炉火而想到了面团，又凭着想象把那无形无迹的火香化成了一大张脆皮夹心饼。就这样，视觉、嗅觉和味觉交融了在一起，来了一次色香味的官感大鸣奏。

小马塞尔发觉姨妈房中画有枝叶图案的墙纸也“发出比点心更香脆、更细腻、更有名、更干燥的异香。我回到房里，怀着一股不可告人的食欲，沉溺在花布床单中心的那一阵阵黏糯、昏沉、难以消化的水果气味”。

又一次，悦目的图案墙纸散发点心的香甜；而小马塞尔躲在床上沉溺在那股水果香味，竟然不可告人。许是他隐隐地感觉到，这种视觉和味觉交加的愉悦只是预告。

夕阳烤鸡

小时候父亲也曾试过雅兴大发，在饭后有意考一考我的应对和急智："人到底是为了吃而生存，还是为了生存而吃？"我知道，父亲心目中的答案是"为了生存而吃"，我却是早就认定了人是为了吃而生存的。民以食为天，这天大的事情，本身就是目的了。但是当然我知道不好和父亲意见分驰，因此，只好糯糯的不则一声，虽然明白他因此不悦，免不了暗中咕唧："只一句话便答不上来了。"

说为了生存而吃，那生存又是为了什么？敢情是服务社会，做益人群。但归根究柢，服务社会和做益人群也不外是为了大家有饭吃。所以转了一个圈，还是转到吃的上头，然则吃又是为了什么？为了争取营养，保持健康，还是为了美食带来的幸福感觉？苹果花的美丽芬芳，本身就是存在的理由了，又岂只是为了能吸引蜂蝶而结成果实而已？

好了，说吃是为了幸福，那么幸福又是什么？幸福是极为玄妙而又奥秘的一回事。有些人花了一辈子的光阴也寻找不着，却原来幸福一直在他脚下团团转，只可惜他视而不见、听而不闻。若果幸福能有香气和味道，那又倒好办一点。幸福有气味么？

凡夫俗子所有的不外是一副血肉之躯，我们的幸福还得依赖五官的感受和呼唤，才能在心中苏醒过来。悦耳的音乐、怡神的景色，都能使我们快乐，带来稍纵即逝的幸福幻觉。法国作家普鲁斯特在《追忆似水年华》里有描述马塞尔小时候在贡布雷散步的情景："平时散步，我们总是早早就回家了，以便在晚饭前后上楼去看看莱奥妮姨妈。初春时节天黑得早，我们回到圣灵街时，家里的玻璃窗上已反射出落日的余晖，而在十字架那边的树林里，一抹紫霞映在远处的池塘中，常常伴随着料峭寒意，红色的夕阳在我的心目中却同烤炉上的红色火苗互相关联，因为烤炉上的肥鸡对于我来说是继散步的诗情陶醉之后的另一种享受，使我得到解馋、温暖和休息的快乐。"

如果相信柏拉图那一套，精神和肉身是对立的，且肉身的层次低于精神。而肉身的五种官感之中，以味觉为最下等，因为最接近本能，而且和其他动物共通；而且吃的本质残暴，因为要把所喜爱的对象吞灭。视觉的享受层次高，因为是一种有距离的、不占有的享受，享受的对象可以保持完整，凡·高（Vincent van Gogh）的向日葵和塞尚（Paul Cézanne）的苹果，我们看看便有莫大的喜悦和满足，那是一种比较接近灵性的美的感受，但是依然不脱其官感的本色，而且一个不小心，又会沦落为更低层次的享受，眼睛吃冰淇淋，一下子视觉混入味觉里面去了。

马塞尔因在散步时看见夕阳而联想到烤炉上的红色火苗，继而想到烤炉上的肥美烧鸡，很容易被看作是官感享受层次的沦落，但这里面的情况比较复杂。普鲁斯特把夕阳余晖和烤炉火苗相提并论，乃是为了说明我们的官感是共通相连的。借着艺术的想象力，普鲁斯特看出了美丽的黄昏景色和美味的烤炉烧鸡之间的相承脉络。

其实在书里更早的时候，这烤鸡已经出现过一次，其时马塞尔目睹厨娘弗朗索瓦丝怒杀家禽的残暴真相，大为震惊，恨不得立即把她赶走。“但是，她一走，谁给我做热呼呼的卷子？谁给我煮香喷喷的咖啡？甚至……谁给我烤那么肥美的鸡？……其实，这类卑劣的小算盘人人都打，跟我一样。”这里作者毫不隐瞒地指出，为了满足一己之口腹之欲，而罔顾其他生物之苦难，实乃卑鄙行径；纯官感的享受并不足为训。但在同时，作者又这样描绘做成的烤鸡：“烤鸡外皮边上一圈金黄胜似绣上金丝花边的霞帔，那精美的酱汁淋漓而下，也像是从圣体盒里滴下的甘露。”

残暴归残暴，卑劣还是卑劣，但这一道家常烤鸡在作者的一支生花妙笔之下，被描绘成光辉灿烂的宗教圣餐；那金黄的鸡皮更隐隐透露了夕阳的颜色。因此到了后来马塞尔散步之时，便顺理成章地将美食溶入美景之中，把味觉提升至更为接近灵性的视觉官感，提供一种质地更为纯净的幸福感。

多年之后，马塞尔长大了，贡布雷的往事也化为乌有，但在一个冬日，他无意中喝了一勺泡了马德莱娜小甜饼的茶，一种超尘脱俗的舒坦快感立即流遍他的全身，只因为他童年时代也曾在贡布雷的姨妈家中喝过相同的茶。“不用说，在我的内心深处搏动着的，一定是形象，一定是视觉的回忆，它同味觉联系在一起，试图随味觉而来到我的面前。”换言之，味觉带动视觉，马德莱娜小甜饼的滋味唤醒了马塞尔心中沉睡已久的童年回忆；整个贡布雷市镇的景物，包括大街小巷和花园，都随着这甜饼的味道而全部显出形迹，因而带来幸福。

但是，作者说这幸福的感觉并非来自外界，它就是作者自己。因为作者再接二连三地喝那泡有甜饼的茶，但那幸福的感觉却渐趋淡薄。“显然我所追求的真实并不在茶水之中，而在于我的内心。”

茶水的香甜并非幸福本身，它的功用在于能够唤醒他“内心的真实”。但这内心的真实又是什么？是一种先物质天地而存的精神境界，与生俱来地存在人心之中？但这种精神境界，这种并非来自外界（物质）的幸福，却要借助味觉和视觉的愉悦方能苏醒过来。例如说，一勺泡了马德莱娜小甜饼的椴花茶。而我还是在怀疑，这靠官感愉悦而唤醒的，到底是幸福本身，还是一种幸福的幻觉而已？

网球意粉

假日清晨，口干发倦，似病非病，于是决定做一杯柠檬水，自己招呼自己。鲜黄柠檬冰箱里倒是现成的，唯独是榨汁机一时之间没处寻，连那只玻璃手按的小榨汁器亦不翼而飞。奈何自己喝柠檬水的主意已定。主意既定，方法自成。把柠檬一切两半，就这样用手反覆搓揉柠檬皮，也照样取得四五茶匙的晶莹柠檬汁。然后加橙花蜜糖及半杯温水，把柠檬水调制成功弄到口，且替这假日谱成称心如意的小小序曲。

有道是“工欲善其事，必先利其器”。你看我泡一杯龙井便得用上一系列的茶壶、杯子、杯垫、茶荷、茶则、茶隔。一番功夫之后泡成的茶汤果然明净怡人，算是小小的一场功德。不为别的，只为是一种宁神之道，调整思路，收魂拾魄。话虽如此，遇上事忙而茶心未泯，慌乱中翻出茶包急冲即就，还不是一样入得口止得咳。真正是能屈能伸，可快可慢，简繁皆宜，完全因时因地而定，无入而不自得。万一茶包也没有了，白开水也很有清洁肠胃的神效。

所谓“必先利其器”的“利”，可以有另一层意思：因利就便，灵巧活用，随机应变。洋人的现代厨房工具家生叮叮咚咚的一大堆，一顿晚餐做不好可以怪刀赖板、怨天恨地。咱们的大师傅可是一把菜刀走天涯：劏鸡杀鸭、斩骨去皮、切葱剁蒜，全是他，依然无往而不利，运刀如笔，演化出美妙可口的饮食花朵来。

英国厨艺作家伊利莎白·大卫的厨艺观便颇具一点古风。例如说，她最痛恨 garlic press（压蒜器 / 挤蒜器）这一种厨房工具，认为一无是处。最佳方法莫如咱们的厨子用菜刀在去了衣的蒜头上一拍，自然蒜汁释放，蒜香四溢。又例如说，伊利莎白·大卫做柠檬凝乳，为取得柠檬皮的细茸，工具是糖块：“磨柠檬细茸的最佳工具是糖块（类似咱们的冰糖），虽然有 18 世纪女厨艺家主张用一块碎玻璃（今天看来很危险）。这糖块在很多古老菜谱中出现，却没有加以说明，叫人大惑不解。原来古代的糖制成之后有如一块块的石头，用的时候砍出一小块；因为凹凸不平，正是磨柠檬皮的现成工具，可以把柠檬皮含有的香油成分释放出来。磨成的柠檬皮细茸可以用来做冰做忌廉，尤其是最具英国特色的柠檬凝乳。”用糖块磨柠檬皮，如果糖碎了便再用另一块，通常磨一只柠檬要用四块糖块。碎掉的糖放在碗中留为后用。这样磨成的柠檬茸没有礤床的铁腥味，自然优胜得多。当然市面上也有较为考究的瓷礤床，但始终不像这糖块的灵活有趣，天然风韵，且有一种古朴的意味。

同样古朴的是从前的主妇自己动手擀饺子皮，用擀面棍在洒上面粉的玻璃桌上擀成一大块面皮之后，便随手取出一只圆口玻璃杯子，杯口向下，在面皮上一压一扭，便转出了一块形态流丽体质柔韧的饺子皮来。用这样的饺子皮包成的饺子，自然更具口感，比超级市场现买的要美味得多了。

叫化鸡大家都吃过了吧，一整只鸡用荷叶包了，再糊上泥巴，放在火中烤得泥巴干裂之后，便把鸡取出来吃。相传是饿坏了的叫化子把人家的活鸡偷来，无法处置，因而就地取材在荷塘边炮制一番，竟然就此演化成别具风味的叫化鸡出来。也不知道这故事是真是假，但那因利就便的烹饪作风是颇为引人入胜的。

说起因利就便，倒想起了电影喜剧奇才比利·怀尔德（Billy Wider）导演的《桃色公寓》（*The Apartment*, 1960）。电影中的杰克·莱蒙（Jack Lemmon）是大公司小职员，在家招呼女朋友雪利·麦克雷恩（Shirley MacLaine），大煮其意大利粉。意大利粉煮成之后要过冷河，苦无家生，便取出网球拍来，把意大利粉放在上面，用水龙头来冲洗一番。比利·怀尔德想是借此制造一点卡通式的喜剧效果，容或过分夸张，但倒也别有一番厨艺方面的启发——凡事不必拘泥，总得灵活变通。事急马行田，过海是神仙。你且别问我用什么方法，反正有得你吃便是。

也曾经在街坊烧味店看见伙计在卖叉烧斩烧肉，忙得团团转一头大汗，偷空喝一口红茶。那盛茶的是一只盛果酱用的阔口圆瓶子，扭旋的铁盖子正是最现成的护茶工具。

茶与爱情

书缘这回事大概是有的。像最近无缘无故地把当年电懋[①]拍成的《啼笑因缘》(1964)翻出来看了一遍，之后便老是在书局里碰到张恨水。《金粉世家》《春明外史》《夜深沉》《牛马走》，连比较冷门的《大江东去》和《小西天》都遇上了。虽然这些书本离开本土来到纽约之后，价钱都升高得叫人头痛，还是忍不住一套一套地捧了回去。却原来张恨水一生共写了一百二十多部小说，真是连英国的安东尼·特罗洛普(Anthony Trollope)都要"企埋一便[②]"。而且写得富娱乐性，文字驾驭能力极出色。既然连刘半农也称张恨水为"当今小说大家"，我又何妨把他的《啼笑因缘》(1930)从封尘的书架上抽出来再细看一遍；果然看得兴味盎然。

《啼笑因缘》里面描绘了三名爱上樊家树的女子，一是随父行走江湖卖武的关秀姑，一是在天桥唱大鼓书

① 电懋，指(香港)国际电影懋业有限公司。

② 企埋一便，粤语，意思是"往边上靠"，指比不上。

的沈凤喜，一是西洋化的富家女何丽娜。樊家树钟情于沈凤喜，无奈凤喜被刘将军收了作姨太太，沦为残花败柳，后来又遭毒打，变得神经失常。幸而有个何丽娜长得和凤喜十分相似。小说终结的时候作者若有似无地暗示了樊家树和何丽娜结合的可能性。这一种小说的情节安排还是多少反映了以男性为中心的社会意识形态。凤喜失掉了，还有另外一个凤喜来作代替品，男性的爱情白日梦因此还是可以做得成。这有点叫人想起英国小说《德伯家的苔丝》（*Tess of the d'Urbervilles*, 1891），书中的安吉尔失去了苔丝，却有和苔丝极相似的妹妹来填充顶替。

爱情白日梦

《啼笑因缘》的故事安排也含有讽刺性。樊家树对何丽娜的感情最淡，但偏偏她最有可能冷手执个热煎堆；关秀姑这位江湖义气女儿，对樊家树用情最深，却又偏偏樊家树对她最不了解。到后来樊家树还是这样想着关秀姑："就她未曾剪发，何等宝贵头发，用这个送我，交情之深，更不必说了。可是她一拉我和凤喜复合，二拉我和丽娜相会，又决不是自谋的人。"越想越猜不出个道理来。其实道理很简单，关秀姑是真爱着他。

这一点其实在樊家树第一次前往探望关家父女二人的时候便已经有所透露了。

樊家树来到，关寿峰招呼他坐下，只见秀姑进屋去捧了一把茶壶出来，笑道："真是不巧，炉子灭了，到对过小茶馆里找水去。"家树忙说不必费事，连寿峰也和着说："也好，就不必张罗了。"但是关秀姑她一个姑娘家却自有主意，觉得人家（"人家"二字有文章）来了，一杯茶水都没有，太不成话，还是到小茶馆里沏了一壶水来了。找了一阵子，找出一只茶杯、一只小饭碗，斟了茶放在桌上。然后轻轻对家树说："请喝茶！"自进那西边屋去了。寿峰笑道："这茶可不必喝了。我们这里，不但没有自来水，连甜井水都没有的，这是苦井的水，可带些咸味。"秀姑这才在屋子里答道："不，这是在胡同口上茶馆里沏来的，是自来水呢。"

一口好茶水

这一段秀姑为家树张罗茶水活现了秀姑的性格和她对家树爱情的本质。虽然父亲和家树都反对，她还是偷偷地去茶馆里买回来清洁的自来水替家树沏茶。这是她对家树的关心，却又不愿意他知道。只是到后来父亲误会那水是苦井水，她才不得已隔着房子解释了一句。她的爱是没有一点私心的，她后来的一句解释，也只是为了心上人能喝到一口好茶水而已，并无自谋的成分。

樊家树第一次往沈家去，也是喝茶，但那感觉却大不相同。"沈凤喜的母亲沈大娘让他在小椅子上坐了，用着一只白瓷杯，斟了马溺似的酽茶，放在桌上。这茶杯恰好邻近一只熏糊了灯罩的煤油灯，回头一看桌上，漆都成了鱼鳞斑，自己心里算着……浑身都是不舒服。”

后来凤喜给他斟了一杯热茶，轻轻地道：“你喝茶，这样伺候，你瞧成不成？”凤喜的作风就没有秀姑的含蓄敦厚，而且多少有点奴才相。而且家树“初进门的时候，觉得这屋又窄小，又不洁净，立刻就要走”。关家也很穷很破，却自有一番侠义的清爽。不像沈家，连茶也像马溺。可见这是张恨水刻意经营出来的对比。

新沏的玫瑰茶

小说终结的时候，樊家树在何家别墅的楼下客厅吃饭。客厅的茶几上有晚菊和早梅的盘景。何丽娜又亲自端了一杯热茶给家树。家树刚一接茶，便有一阵花香，正是新沏的玫瑰茶呢。圆桌上有一双银烛台，点着大红洋蜡烛。何丽娜和家树对面在沙发上坐下，各端了一杯热气腾腾的玫瑰茶，慢慢呷着。茶几上有一盘红梅。

又是红烛，又是红梅，又是玫瑰茶。这一幕喝茶场景显然地以红色为基调，甚至已经暗示和预告了洞房花烛的后事。只是唱片匣子播出了一段《黛玉悲秋》的大鼓书；家树不觉手上的茶杯子向下一落，啊呀了一声，只道是怕听这凄凉调子。何丽娜于是便换了另一片子，是《能仁寺》十三妹的一段。忽然窗外有一束鲜花抛了进来，花上有一个小红绸条，上面写了一行字道：“关秀姑鞠躬敬贺。”

家树从花束中抽出了枝菊花，只微微地笑了一笑。

炸酱面与木樨饭

在十多年前，糊里糊涂地参加了一个饭局，到场之后才发觉是个生日晚会，赴宴的有送鲜花一束的，有赠茶叶一罐的，独我两手空空的不像个话，于是只得即席献出一曲《月亮代表我的心》，算是打了个圆场。真是一额汗。广东人话头[①]：多个人多双筷子啫。这句话却是主人家说的客套话，出自不速之客便有厚脸皮的嫌疑。其实又岂止一双筷子那么简单呢。尤其是上馆子吃饭，照人头计算，每一样小菜的分量都得预先说明安排，像豉汁蒸蚝和鲍鱼海参之类，更加的计算准确，不然尴尬的场面就在所难免。

洋人说的“没有免费的午餐”虽然流露了老奸巨猾的江湖气味，却是比较接近真实的情况。六七年前我也曾路经曼哈顿一处的教会，门户大开，非常友善，每星期还有一次晚饭，免费招呼各路英雄，牛油面包洋葱汤海鲜意粉，一应俱全，味道也很不俗。席间有人讲道理、

① 话头，意思是“说，常说”。

唱圣诗。末了还是叫你入会奉献，每月认捐若干，签字为证。

知情识趣

周末会和老伴往纽约的唐人街茶楼齐共上。一顿早茶五六碟点心，结算下来总得二三十元美金。这一回你请，下一回我付，大家心中有数。卖点心的大婶问我要不要灌汤饺，我回道："呢一餐佢畀钱，食乜要问过佢先[①]。"边个畀钱边个话事[②]。做人要知情识趣。这情趣的主要关键便在寻求出一个微妙的平衡：付出多少，获得多少；倒也不一定是斤斤计较，说是为了做人有个公道也说得过去。

忽然之间想起了这许多话，只因为最近重看了张恨水的《啼笑因缘》。书中的樊家树在天桥结识了唱大鼓书的沈凤喜，有了感情。后来听说凤喜要上落子馆唱大鼓，怕客人品流复杂，凤喜容易堕落，便决定资助凤喜上学读书做个女学生，一方面还支持凤喜一家的家用。旧社会里的贫苦小市民生活无望，像樊家树这样仗义助人的殷实富户的大少爷，虽然不是绝对不可能存在，但到底还是小说家一厢情愿的虚构，来满足小市民的白日

① 呢一餐佢畀钱，食乜要问过佢先，粤语，意思是"这一餐她付钱，吃什么要问过她"。

② 边个畀钱边个话事，粤语，意思是"哪个人给钱，就哪个人做主"。

梦。但是张恨水的虚构之中有写实的笔触。

虽然樊家树一力用钱支持沈凤喜一家人，他的动机还是自私心——因为他想得到凤喜的爱情。在另一方面，沈凤喜的母亲沈大娘虽然对樊家树感恩，却并不留他在家中吃饭。这当然是因为卖唱的人家，食用本来就很清苦，哪里还有额外的钱留客人吃饭？

施变了受

像樊家树第一次听沈凤喜唱大鼓，出手便是一个银元，当的一声落在铜板之上。但是家树初到沈家，沈大娘也只有花生、瓜子与清茶招待。这倒是比较接近实情的。这就是张恨水写小说比较高明的地方。这叫人想起了张爱玲在《诗与胡说》中说起她在小报上看顾明道[①]写的连载小说《明日天涯》：“我非常讨厌里面的前进青年孙家光和他资助求学的小姑娘梅月珠，每次他到她家去，她母亲总要大鱼大肉请他吃饭表示谢意，添菜的费用超过学费不知多少倍。”张爱玲还说：“听见顾明道死了，我非常高兴，理由很简单，因为他的小说写得不好。”写得不好，是因为金钱上的得失计算有欠准确，施变了受，还以为自己做了好事。所以讨厌，因为太笨。

---

① 顾明道，本名顾景程（1896或1897—1944），江苏苏州人，作家，以写言情小说和武侠小说闻名，代表作有《荒江女侠》《胭脂盗》《剑底莺声》等。

沈家大娘倒是精明得有分有寸。她也并非是完全不留恩人在家吃饭。在第五回里面，樊家树约了凤喜一同上街，给她买了自来水笔和平光眼镜，又到金珠店里，和她买了一个赤金戒指。“沈大娘见凤喜高兴到这般样子，料是家树又给了不少的钱，便留家树在这里吃晚饭，亲自到附近馆子去叫了几样菜，只单独的让凤喜一人陪着。”这位沈大娘要比《明日天涯》里面的梅月珠母亲精明得多了。还有一次沈大娘也请樊家树吃汤面，那是因为要给他送行。

平常家树探望凤喜，还是要自己回家吃饭的。家树第一次去看凤喜，沈大娘还留家树吃午饭：“樊先生！你别走，就在我们这儿吃午饭，没有什么好吃的东西，给你作点炸酱面吧。”但是到底没有吃得成，可见是表面客套，虚应故事。结果家树还是回到家中叫厨房给他弄来了一碟冷荤、一碗汤、一碗木樨饭来。所谓冷荤，当是熏鱼、醉鸡之类。那木樨饭又是什么？原来张恨水在书中有说明：“这木樨饭就是蛋炒饭，因为鸡蛋在饭里像小朵的桂花一样，所以叫作木樨。但是真要把这话问起北京人来，北京人是数典而忘祖的。”木樨是桂花的别名。

在木樨饭里淘汤

家树一边吃饭，一边却出神地回想刚才到凤喜家里留着吃炸酱面的那一幕。他想我要是真在她家里吃面，恐怕她会亲手做来给我吃，那就更觉得有味了。人在出神，只管把舀了的汤往饭里面倒，竟在木樨饭碗里倒上了大半碗汤。这才好笑起来：从来没有人在木樨饭里淘汤的。听差[1]看见，还以为我南边人，连木樨饭都不会吃。当时就低头唏哩呼噜把一大碗汤淘木樨饭吃了下去。

炒饭是香口之物，用汤泡之，当然违反了吃的章法。那也是因为家树没有沈大娘的世故。一心还对那碗没有吃到口的炸酱面存有幻想，竟把眼前的一碗木樨饭也糟蹋掉了。

① 听差，指听从差使的人，旧指在机关或富人家里做杂活的男仆。

酒虫哪里来？

到底是先有酒，才有酒徒，还是先有酒徒存活在天地之间，才衍生了酒出来？说得笼统一点，欲望和欲望的对象，孰先孰后？

莫言的《酒国》（1993）里面，有一个余一尺，在驴街一家酒店当小伙计，夜里偷偷地把几口大缸的酒喝下去一尺，如此海量，世所罕见。这事给掌柜的撞破了，这掌柜是个饱学之士，知道余一尺腹中有一宝物，名曰“酒蛾”，“如能搞一只来放在酒缸里，这缸里的酒永远干不了，而且酒的质量也将大大提高”。于是掌柜有了主意：“……让人把小伙计捆起来，放在酒缸边，饭不给他吃，水不给他喝，只是让人不停地搅动酒缸里的酒，搅得酒香四溢，馋得小伙计哀哭嚎叫，遍地打滚。就这样一直熬了七天。掌柜的让人松了他的绑。他扑到酒缸边，低头张嘴就想痛饮，只听得‘扑通’一声，一只红脊背、黄肚皮、小蛤蟆形状的东西掉到酒缸里去了。”

其后余一尺感叹道：“要不是掌柜的把我腹中的宝贝偷走，我这一辈子很有可能成为酒仙。”

没多久余一尺又哈哈大笑起来："这都是我编来骗你的。世界上哪里有什么'酒蛾'呢？这是我在酒店当伙计时，听掌柜的讲过的故事。开酒店的人，都盼着酒缸里的酒永不枯竭，这是梦想。"

这一小段酒蛾的神话终于揭盅：神话即是梦想，而梦想又是什么？这酒蛾作为一个象征，可以说是十分之混乱。它一方面代表了酒徒的酒量；酒徒有了酒蛾，便可以喝个无休无止，成为酒仙。这样看来，酒蛾正是酒徒的欲望象征，是一种渴求和需要。但在另一方面，这只酒蛾又可以使酒缸里的酒质和酒量都大大提高，因此它也就是满足渴求的那样东西。换句话说，这只颜色明艳的小生物既是酒徒又是酒，同时象征了渴求和满足渴求的事物。

这看似矛盾和混淆的象征其实正好说明了更为深层的人生真貌：欲望和满足欲望的对象原是互为因果、互相衍生、循环不息的。酒蛾是酒徒的梦想，梦想即是欲望。人生唯以一欲望为原动力而已。人在面对生命苍白的素颜之时产生了焦虑，在焦虑中又产生了逃避的欲望，因此转而寻求声色的满足，因此有了酒色财气，而酒色财气又再刺激和衍生出更多更大的欲望出来，就如此地循环不息、周而复始。来来去去不过是一只酒蛾在作怪。神是它，鬼又是它。

莫言的酒蛾，当然是脱胎自蒲松龄的酒虫。长山有刘氏，体肥嗜饮，幸好家中豪富，不必为饮酒而担心。后来有外来的僧人看见刘氏，说他之所以豪饮不断，是因为腹中有酒虫。于是命令刘氏在日中俯卧，系其手足，在离开他头部半尺的地方放了大碗好酒。没多久刘氏口干舌燥，而酒香入鼻，馋火上升，却苦不得饮。忽然间喉中一阵奇痒，哇的一声从口中吐出一物，直堕酒碗之中。一看，是条三寸长的红色酒虫，蠕动如同游鱼，口眼悉备。僧人并不接受刘氏的酬金，只取去那条酒虫，并且说："此酒之精，瓮中贮水，入虫搅之，即成佳酿。"自此之后，刘氏便讨厌喝酒。

蒲松龄的这一条酒虫，颜色赤红，在酒中行动自如，和莫言的酒蛾异曲同工，实情就是强大的生命原动力。这酒虫既爱喝酒，又能生酒，也和莫言的酒蛾一般是欲望和满足的两位一体。

然而即使是蒲松龄的酒虫，也有其所本。宋朝洪迈编著的《夷坚志》第十六卷之中就有一则"酒虫"，说的是一名叫张彬的秀才，常在夜中喝酒。一夜夜半大渴，求酒而不能得，竟然呕吐出一物。翌日视之，见床下有一块肉，黄色如肝，上有虫蠕动。以酒沃之，其虫唧唧有声。张彬见了，"始悟平生"，即是说，他看见了这条酒虫，才一下子省悟了自己一生嗜酒的真正原因；想是从此改邪归正戒了酒吧。有趣的是此虫唧唧有声，其生命力之活泼比莫言的酒蛾和蒲松龄的酒虫又更胜一筹了。

但蒲松龄的酒虫故事，却比洪迈的要曲折讽刺得多了。蒲松龄对人生的看法显然更为复杂。刘氏本来家肥屋润，喝酒不成问题，去了酒虫之后，反而身体渐瘦，家亦日贫，后饮食至不能给。反而那番僧取了酒虫，从此可以沽其无穷尽之佳酿而致富。这故事仿佛在说明：

去掉了欲望并不能解决问题。没有欲望的人生也就不成为人生了。

这酒虫和酒蛾皆藏于人之腹中，但在这之前它们是从何而来的呢？从来没有交代。想来这酒虫，如同贾宝玉落草之时口中所衔之五彩晶莹玉，一定要追溯，可以追溯至大荒山青埂峰，但也可以说是人一生下来便有的一股原欲；玉者，欲也。此通体明艳唧唧鸣叫的酒虫，亦当如是观之。宋朝范正敏的《遁斋闲览》里面，有一篇“嗜酒”，说镇阳有士人嗜酒，日常数斗，至午后饮兴一发，不可收拾，家业因此破败。“一夕大醉，呕出一物如古，初视无痕窍，至欲饮时，矗然而起，家人沃之以酒立尽，至常日所饮之数而止。”

“一物如古”，古即古怪，但古也有盘古久远之意思。这酒徒口中吐出之物，虽然没有具体描述，但说其“无痕窍”，正是一团处于混沌状态的太初意识，是自天地初开便有了的。时辰一到，竟又“矗然而起”，那是强大的欲念一下子醒觉了。家里人“遂投之猛火中，忽爆裂为十数片”。如此极端对付，可见恐惧之深。然而我还是怀疑这如古之物是否可以一下子使之灭绝。

正是“酒不醉人人自醉，花不迷人人自迷”。嗜酒的，莫怪葡萄美酒夜光杯；吸毒的，莫怨大麻鸦片海洛因。千怪万怪，怪不到别人头上。

喝酒闹笑话

英国文豪查尔斯·狄更斯的小说《块肉余生记》[①]（*David Copperfield*, 1850）带有一点自传意味。小说中那位出口成章、负债累累的密考伯先生的现实原型就是狄更斯的父亲，而主人翁的名字缩写 D. C. 刚好是狄更斯名字缩写的倒置。

小酒豪　大文豪

书中的大卫是遗腹子，八九岁上头母亲改嫁，无良后父把他送往靠近伦敦的学校寄宿；母亲死后，又再被安排在伦敦当童工，负责把签条贴在酒瓶上。因此大卫小小年纪便得独立生活，照顾自己；由于缺乏成人的指引，在日常饮食方面未免有失当之处，并且偶然地学成人喝酒，闹了一些笑话。

① 《块肉余生记》，即《大卫·科波菲尔》。

大卫乘马车前往伦敦的寄宿学校，中途来到雅茅斯，于是便在旅店落脚；旅店太太于是摇铃叫来一名满脸粉刺的茶房招呼大卫吃饭。那一顿饭除了排骨、马铃薯、布丁之外，还有半品脱的啤酒，但绝大部分都被那名茶房施计骗吃掉了。

茶房拿着啤酒杯迎着光，眼睛一闪一闪，说先前有位房客就是喝了这啤酒而一命呜呼，但在另一方面，旅馆不高兴客人点的东西剩下来，于是茶房仗义替大卫把那半品脱的啤酒喝掉。大卫心中感激，只是发现事后茶房不单止没有倒在地毯上死去，反而更为精神奕奕了。

但真正叫人吃惊的是那时候大卫才是十岁不足的小童，居然点了啤酒，而旅馆竟又供应如仪。可见19世纪中期的英国，对酒的管制十分松懈，儿童也没有得到适当的保护。小学生在学校遭打断骨也是家常便饭。

十岁的大卫在伦敦当童工，有半个钟头喝茶。英国人喝茶蔚然成风，惠及童工，总算是一件慈悲的事。书中道：“我还是个小孩，身材又小，所以每次到没去过的酒吧买杯淡色啤酒或黑啤酒，润一润吃下肚的正餐，店里人都怕卖给我。”

你骗我 我骗你

有一天大卫兴致特别高，跑进酒吧便对老板说：“你们真正头等的麦酒多少钱一杯？”

“两便士半，‘真玉山颓’麦酒的价钱。”老板说罢把他的老婆叫了出来，又问了大卫许多问题，诸如姓甚名谁，多大年纪，家住哪里，干哪行业。大卫一一编了谎言，妥当回答。麦酒端来，大卫有点疑心并非“真玉山颓”。老板娘弯下腰来，把钱还了给他，亲了他一下，“一半出于赏识，一半出于怜惜。不过她这样待我，真完全出于女性的慈祥仁厚”。

这是小大卫第二次喝酒被骗，但这一次虽然闹了笑话，却受到较为温情的对待。这也是写小说的一种技巧：情节可以重复，但要以变奏形式出现。这就是“寓异于同”的艺术法则。酒吧老板娘之所以赏识大卫，大约是因为他年纪小小，却够胆识点“真正头等的麦酒”。

狄更斯在这“真正头等麦酒”上头经营了一个小笑话。大卫和酒吧老板的对话原文如下：

> “What is your best—your very best—ale a glass?”
>
> “Two pence-half penny is the price of the Genuine Stunning ale.”
>
> “Then just draw me a glass of the Genuine Stunning, if you please, with a good head to it.”

这只 Genuine Stunning 牌子的麦酒恐怕只是酒吧老板随着大卫的“真正头等麦酒”而杜撰出来的。盖 Genuine Stunning，即是“真的好嘢[1]”。好小子你要真正头等，我便给你“真正好嘢”，满意了吧。这是酒吧老板

① 真的好嘢，粤语，意思是“真的好货”。

的顺口胡诌，开了大卫一个玩笑。

真玉山颓真系坚

《牛津英文字典》里说stunning可解作“口语化：优秀，一流，精彩，令人开心，极为吸引或漂亮”。有趣的是字典中就引用狄更斯的Genuine Stunning来作为实例说明这字的含义。

Stunning的另一意思是“令人目瞪口呆、精神恍惚、震惊，震耳欲聋”。相信思果[①]是根据这一字义而将Genuine Stunning译成典雅的“真玉山颓”。“玉山”是形容一个人的仪容美好，而玉山倾倒则是指人喝醉酒站立不稳。酒仙李白的《襄阳歌》有这样的诗句：“清风朗月不用一钱买，玉山自倒非人推。”一厢情愿地美化了醉态。《世说新语》里有一则“容止”，说嵇康这个人身长七尺八寸，风姿特秀。有人称赞曰：“嵇叔夜之为人也，岩岩若孤松之独立；其醉也，傀俄若玉山之将崩。”而“真玉山颓”，即是正牌靓酒，保证喝得人醉醺醺、乐陶陶。

① 思果，本名蔡濯堂（1918—2004），笔名思果，另有笔名挫堂、方纪谷、蔡思果等，原籍江苏镇江，著名散文家、翻译家。

啤酒的泡沫头

小大卫充内行，声明要一杯有good head的“真玉山颓”。Head是啤酒顶上的一层厚厚的泡沫，所以思果译作“要泡沫满满的”。

有些人倒啤酒喜欢将啤酒当水龙头的自来水一般迎头向酒杯冲去，这样便会冲出一头厚厚的泡沫。但这样冲出来的泡沫含太多的空气，品质虚浮，转眼陷落消失。正确的方法是将酒杯微微倾斜，然后把啤酒沿着杯壁慢慢地滑入。这样冲出来的泡沫头丰厚、柔滑、有弹性，而且耐久不散。泡沫头一方面防止酒中的二氧化碳走失，另一方面又增加柔滑如同奶油的口感。

油腻、肥皂、洗洁精都是泡沫头的大敌。因此啤酒杯一定要用清水冲洗干净，然后沥干，收藏妥当备用。

醉人酒话

我不喝酒。这纯是客观事实的陈述，而不是引以为傲的自夸。话真是越来越难说了。许多年前和几个朋友在北京楼吃饭，席间我不知怎的说起自己来：“不吃酒，也不抽烟。”有个女孩便瞪着眼睛向我发难：“你这不是在批评吃酒抽烟的人么？”我想当时的自己虽然说话还是不知道天高地厚，却没有这样的意思。莎老威的喜剧《第十二夜》（*Twelve Night*, 1623）里面有个大胖子托培[①]，就讥笑过那位一本正经自以为是的管家：“你以为你自己道德高尚，人家便不能喝酒取乐了吗？”接着有人还趁势加了一句：“姜吃在口中也还是那样的辣火火。”姜在当时被视为催情的香料，喜欢面壁悟道的人大可以自便修行去，但饮食男女事宜则如常进行。正是各取所好，谁也不要天真地以为比谁高了一等。

---

① 指剧中的托比·培尔契爵士（Sir Toby Belch）。

喝酒的缘由

而且我并非真的滴酒不沾，只是没有喝酒的习惯罢了。老伴兴致好的时候会替我清蒸海上鲜，又或者弄个大马站煲，那么我便会喝点白兰地意思意思。家里开生日会，人多热闹，也会顺着人情陪着喝半玻璃杯啤酒，不过总是即刻见功，整个头红通通火热热的像个灯泡，人也有点飘飘然，显然天生不是喝酒的料子，那飘飘然的感觉对我也没有什么吸引。而且爱喝酒的朋友曾告诉我，酒醒之前的一刻比什么都难受，饮酒作乐也并非是完全没有代价的。

这就牵涉到另一个问题了：人为什么会喝酒的呢？这看似短暂而有时也颇为漫长的一生如何排遣？谁有足够的勇气和清醒去面对生命本来苍白的素颜，去静观阳光的透明脚步？嗜杯中物的朋友有他的一套："酒不是不喝，但也不要多喝。我喝了酒之后，便更有人间情味，更像一个人。"其实他早已是泥足深陷的酗酒之徒了。他的妻子看得很清楚："要知道酒才是他最好的朋友，怎能叫他戒掉？"喝酒而至于要喝得大醉方休，自然是因为清醒带来忧愁，只可惜酗酒会带来更大的问题。我这不喝酒的局外人在此苦口婆心的饶舌徒然惹来讥笑：你懂什么？若是戒酒成功的过来人现身说法，才会有说服力。情场忏悔录自然得由翻过跟斗来的情圣亲自执笔，方有动人的力量。

喝酒为怕死

拉伯雷的《巨人传》的第一部第五章“醉人酒话”，也侧面提供了一些人之所以会喝酒的原因。话说容貌标致的嘉格美尔下嫁了巨人大肚量之后，很快便身怀六甲，腹大便便，而且胃口奇佳，吃掉了三十六万七千零十四头大牛的牛杂，当然有一大伙人陪着她吃。大伙人蜂拥到树林里，踏着茂密的青草，在愉快的木管和柔和的风笛伴奏之下，欢快地跳起舞来。随后，大家又在当场嚷着要吃要喝。一霎时酒壶团团转，火腿纷纷散，瓶子叮当响，杯儿满场飞。

接着是一大伙人在七嘴八舌地自说自话，看似毫无理路逻辑，却自有一番醉酒情怀，洋溢着任性放纵的生命力。乱纷纷之中只听得有人说：“我润喉，我沾唇，我喝酒，一切无非为怕死。”有人连忙搭腔：“你如喝它一个没完没了，岂不将永远没有死期？”“我如果不喝酒，就要发干，那就呜呼哀哉了。我的灵魂将飞往有青蛙的池塘，因为在干燥的地方灵魂是待不住的。”

喝酒无非是为了怕死。人怕忧伤、怕寂寞、怕空虚、怕无聊，归根究柢还不外是怕死罢了。正是一醉解千愁，但也有“酒入愁肠愁更愁”的说法。“在干燥的地方灵魂待不住”之说本于圣奥古斯丁（St. Augustine）的神学论。圣奥古斯丁认为灵魂是属精神的，不能存在干旱之处。有趣的是“精神”的英文是spirit，又可解作烈酒。

大家喝得手舞足蹈，又有人发言了："渴与喝，哪一样在前？"

"渴在前，在我们不解事的年龄，谁是不渴就喝的呢？"

"喝在前，因为'缺乏推定盈溢'。"

生死的缘由

在这谈笑风生之间也就牵涉到人生的终极命题：我们为何存活在天地之间？所谓"缺乏推定盈溢"，就是一种反证的逻辑。肚子饿，正好证明有食物的存在。（万一饿死了依然没有找到食物，也并不表示食物不存在，只表示倒运而已。食物依然存在某处，不过不幸没有碰得上。）身体感到寒冷，正好证明太阳在另外一边。寂寞凄凉，是因为还没有找到爱情。但如果压根儿没有爱情这回事，也就无所谓找不到或找得到了。我们口渴，就表示有水这回事。换上了酒徒的说法，便是：当然是先有了酒，才后有酒徒。也就是喝（酒）在口渴之前的论调。

酒是满足口渴而设的。酒徒如是说。这敢情好。但是口渴又是为了什么？西班牙诗人安东尼奥·马查多（Antonio Machado）早就问过这个问题了：杯子是用来喝水的，但是口渴是为了什么？说来说去，人生天地之间自制一番烦恼，包括口渴、饥饿、寂寞，然后又忙于找寻食物、美酒与爱情各种满足和安慰。

"童子，我的朋友，给我斟满这杯，直到杯上加冠。"

如果把酒杯斟满了还再继续，慢慢地在杯口会高涨溢满成一个充满张力的半圆形而不会流泻。这便是替杯子加冠了。是的，一路地斟注、加满、高涨、填充。

“自然最忌空虚。”

“喝了吧，这琼浆玉液。”

醉酒人情

《红楼梦》里面描写醉酒的大约有七八处，而醉酒出现在回目中的也有四处。第七回有宁国府的忠仆醉后大哭大闹，骂贾府的子孙一代不如一代，偷鸡摸狗；第四十四回凤姐生日撞破了贾琏和鲍二家的好事，借醉撒泼了一场；第四十七回薛蟠喝醉酒和柳湘莲调情遭一顿苦打；这三次醉酒都是大关目，但回目没有点明。出现在回目中的醉酒有第二十四回的“醉金刚轻财尚义侠”，第四十一回的“刘姥姥醉卧怡红院”（有的版本作“怡红院劫遇母蝗虫”），和第六十二回中最为人所乐道的“憨湘云醉眠芍药裀”。

第八回的回目情况比较复杂。一般的通行版本用的回目是“比通灵金莺微露意，探宝钗黛玉半含酸”，甲辰本是“贾宝玉奇缘识金锁，薛宝钗巧合认通灵”，两者的着重点皆在爱情上面；但是甲戌本的回目是“薛宝钗小恙梨香院，贾宝玉大醉绛芸轩”，明把宝玉的醉酒事件列入回目；戚序本的“拦酒兴李奶母讨恹，掷茶杯贾公子生嗔”更好，把这一回内容的重点转焦在宝玉和他乳母之间的一场冲突，关注的是人情，不是爱情，因此也就更为接近《红楼梦》的主旨。《红楼梦》大旨谈情，但这个情是世态人情，而爱情只是其中的一部分。

这一回说的是宝玉知道宝钗在梨香院养病，便前往探望。宝钗的母亲薛姨妈看见宝玉来了，忙命人倒“滚滚的茶来”，因为是个大冷天。宝玉只忙着和宝钗见面。宝钗便要看宝玉身上戴着的玉，宝玉也把宝钗的金锁拿来赏玩一番。一下子薛姨妈把细巧茶果和热茶都摆好了，宝玉却想吃鹅掌鸭信，薛姨妈便忙把自己糟的取了来，宝玉借势要酒下菜。薛姨妈便又命人去灌上等的酒来。但是宝玉的乳母李嬷嬷却拦着：“他性子又可恶，吃了酒更弄性。”李嬷嬷怕宝玉喝醉了生事，自己身为乳母夹在当中要担当看管不力的罪名。薛姨妈并不理会，只管把酒烫了来。黛玉来了，李嬷嬷又再劝阻，并且搬出了宝玉的父亲贾政出来：“老爷今儿在家呢，提防问你的书。”宝玉听了大不自在，倒是黛玉叫他别理会李嬷嬷“那老货”。结果宝玉喝醉了回家，发现袭人爱吃的豆腐皮包子和自己爱喝的枫露茶都给李嬷嬷拿了喝了，不由得大怒，把手中的茶杯往地上一掷，要回贾母去，说要撵他的乳母。

这一场拦酒和醉酒描写出了宝玉和他乳母之间的利害冲突。乳母也只是奴仆，但因为奶大了主子有功劳，因此有些体面，一般都会叫一声“妈妈”，有特别优惠，例如说可以在主子面前坐下，虽然坐的只是脚踏子。李嬷嬷就仗着自己是宝玉的乳母，便拿班作势的，一再阻拦宝玉喝酒，骨子里当然是要维护自己的地位（在贾母面前有交代，表示尽责，不致挨骂）。书中一直没有直接描写宝玉受乳母阻拦的反应，而其实他心中早就不痛快，幸好薛姨妈和黛玉却助着他。

后来李嬷嬷又自作主张自己回家去换衣服。宝玉喝过了酒要回去，薛姨妈叫他等李嬷嬷，宝玉道："我们倒去等她们。"流露了一点不满之情。宝玉喝醉了回家，贾母见李嬷嬷不在，便问起，众人不敢明言，只有宝玉道："她比老太太还受用呢，问她作什么！没有她，只怕我还多活两日。"后来宝玉知道豆腐皮包子给李嬷嬷拿走了给自己的孙子，而枫露茶也给李嬷嬷喝了，这才大怒问着丫环："她是你哪一门子奶奶，你们这般孝敬她？不过是仗着我小时候吃过她几日奶罢了。如今逞得她比祖宗还大了，如今我又吃不着奶了，白白的养着这个祖宗作什么？快撵了出去，大家干净。"

这个李嬷嬷还有下文。在第二十回里面，因为袭人看见她来了还是睡在炕上没理她，便骂袭人是"忘了本的小娼妇"，又骂她"装狐媚子哄宝玉，哄的宝玉不理我"，其实导火线是一碗酥酪。这糖蒸酥酪本是元妃赐出来的，宝玉打算留给袭人，也给李嬷嬷一赌气吃掉了。可见这个李嬷嬷自作主张吃宝玉的东西，也非只一次了。这样一个讨厌人物，写得十分传神，很可能在曹雪芹的现实生活里真的有这么一个乳母。

这一回中描写宝玉的醉态，也很有层次。宝玉酒后，黛玉问他走不走，他乜斜倦眼道："你要走，我和你一同走。"乜斜眼就是眯着眼斜看别人。这是宝玉的醉态初露，并且借醉向黛玉略为透露心声。其后宝玉回家，又写他“踉跄回头”，连路也走不稳，是真的醉了。得知乳母擅自喝了他的枫露茶，大怒把茶杯打碎，是醉的高潮，也是他和乳母冲突的高潮：他要把她撵掉了。最后袭人将他劝止，扶他上炕入睡。“不知宝玉口内还说些什么，只觉口齿绵缠，眼眉愈加饧涩，忙伏侍他睡下。”把醉后不支倒下睡觉的感觉也描写得异常准确。

由于是大冷天，薛姨妈命人把酒烫了，但宝玉说他爱吃冷酒，引来宝钗的讥笑：“宝兄弟，亏你每日家杂学旁收的，难道就不知道酒性最热，若热吃下去，发散的就快；若冷吃下去，便凝结在内，以五脏去暖它，岂不受害？”薛姨妈也说吃了冷酒写字手会打颤儿，写不好了。在第五十四回里，王熙凤也曾劝宝玉别吃冷酒：“仔细手颤，明儿写不得字。”

烫酒又叫筛酒。筛酒是北方的叫法。我国古代做酒多用发酵法做压榨酒，因此酒糟和酒液混合在一起。喝的时候再用网眼筛子过滤，并且加温。后来酒预先筛过了，成为清酒，喝的时候不用筛了，但还是要加温烫酒，于是还是沿用“筛酒”一词作为烫酒的意思。

酒后真情

文学的功用之一就是丰富我们的见闻，作者通过准确入微的描绘使我们投入另一个人的内心世界，去看他所看见的，去感受他所感受的，从而使我们对别人的了解和体谅更为深厚。

例如说，我并不喝酒，更从来没有试过醉酒，但是我依然能够欣赏文学中的醉酒描述，仿佛身同感受似的。英国19世纪文豪狄更斯的《块肉余生记》里面，大卫交了损友，初度放荡喝醉了酒闹事出丑，事后躺在床上："不知是谁的人躺在我床上，整夜发烧做梦，一再说互相矛盾的话，做互相矛盾的事啊——床像波涛汹涌的海，从没有一刻宁静！那个不知道是谁的人慢慢定下神来变成了我，我才渐渐觉得口多干，好像表面的皮肤是一层硬木皮，舌头像空水壶的底，用久了上面有碱似的东西，文火还在烤呢，手掌就像灼热的金属片，冰也冷不了！"这段文字捕捉了人醉酒之后人格精神一分为二的微妙感受，酒后的肉身痛苦也写得很具体。

在张爱玲的小说《倾城之恋》里面，香港沦陷，范柳原走了，把流苏留下来。流苏满心的不得意，多喝了几杯酒，被海风一吹，回来的时候便带着三分醉。醉后回到家中，发觉门窗上的绿漆还没有干，便用手摸着试了一试，并且在蒲公英黄的粉墙上打了一个鲜明的绿手印。"为什么不？这又不犯法！这是她的家！"这是酒后的放任，性情的真正流露，而且姿态多么漂亮洒脱流丽。跟着的那段醉酒感觉写得更好："她摇摇晃晃走到隔壁屋里去。空房，一间又一间——清空的世界。她觉得她可以飞到天花板上去。她在空荡荡的地板上行走，就像是在洁无纤尘的天花板上。"那是微醉之后飘飘欲仙的奇妙感觉，大约也不会出事，顶多倒头大睡一觉，明天早上起来找蒲公英黄的油漆去。

《红楼梦》第四十四回里面的王熙凤做生日，家人轮流向她敬酒，"凤姐儿自觉酒沉了，心里突突的似往上撞"。那"酒沉"和"心上"的方向互相叛逆，同时进行，构成了一种昏眩的效果，是酒醉的最佳形容。这完全教人想起了希区柯克的电影《迷魂记》（*Vertigo*, 1958）里面的斯考蒂。斯考蒂患有畏高症，因此在他爬上教堂塔顶之际，他看见那道楼梯在旋转。希区柯克在同时间把变焦镜头向前推进，又把拍摄机往后拉，利用这一前一后同时进行的移动拍摄出了那奇异的昏眩效果。希区柯克在特吕弗访问他的时候解释说自己有一次在伦敦喝得大醉，只觉得眼前一切事物皆从他面前游走开去。他就利用这电影特技捕捉了那醉酒后的摇摇晃晃。

凤姐醉酒之后要往家去歇息，谁知竟撞破了贾琏和鲍二家的奸情，二人正在说笑。鲍二家的说凤姐死了倒好，可以把房里的丫环平儿扶了正。凤姐听了气得浑身乱战，那酒越发涌了上来，回身先把平儿打了两下，才一脚踢开门进去，抓着鲍二家的撕打一顿。闹得贾琏急了，把墙上的剑拔下便要杀人。都说酒可以乱性，凤姐若果不是醉了，即使撞破丈夫偷情，大概也不便一下子发作使泼。

《红楼梦》第二十四回中贾芸因事向舅舅借钱不遂，心中烦恼，只管低头走路，不想碰到了泼皮倪二。倪二喝醉了酒，但问明了贾芸之后，自动把十五两三钱的银子从搭包里掏出借给贾芸救急。贾芸心下迟疑不决，因为倪二到底是个流氓，虽然有点侠义之名，却也不敢招惹，怕的是倪二只是“一时醉中慷慨”。“醉中慷慨”，用得真是传神，正如“醉中情话”“醉中誓言”，都是说不得准的、不能当真的，说过算数，酒醒之后便烟消云散。

醉后动情也是有的，但是醉酒之后又偏偏干不了这方面的事，《红楼梦》里面的薛蟠，是个好色之徒，一次喝醉了，竟动了龙阳之兴，打起了柳湘莲的主意来，柳湘莲怒不可遏，却假意和他好。薛蟠乐得左一壶右一壶，醉得八九分之时，被柳湘莲哄至人迹罕至的苇塘毒打一顿。正如莎剧《麦克白》中的司阍所言：“喝酒这一件事，最容易引起三件事，打架、睡觉和撒尿。它也会挑起淫欲，可是喝醉了酒的人，干起这种事情来是一点也不中用的。”

《红楼梦》里面最惊心动魄的一次醉酒却在第七回。宁国府中的焦大是位老仆人，曾经跟太爷们出过三四回兵，从死人堆中把太爷背了出来，又自己挨饿，偷了东西给主子吃，又把得来的半碗水给主子喝，自己喝马溺。因此有了功劳，都另眼相待。但如今老了却一味吃酒，不顾体面，吃醉了便骂人。这一次他又骂总管欺软怕硬，遇到黑更半夜送人的事就叫他做。贾蓉骂了他两句，他越发性起骂了起来："蓉哥儿，你别在焦大跟前使主子性儿。别说你这样儿的，就是你爹，你爷爷，也不敢和焦大挺腰子！不是焦大一人，你们就做官儿享荣华受富贵？你祖宗九死一生挣下这家业，到如今了，不报我的恩，反和我充起主子来了。不和我说别的还可，若再说别的，咱们红刀子进去白刀子出来！"

脂批在此处点出："是醉人口中文法。"即是说喝醉了酒，说话倒错，正好活现醉态。本来该是"白刀子进去，红刀子出来"，有些版本自以为是地改过来，反而看不见焦大的醉态。焦大这一醉骂，却是酒后吐真言，把贾府的不肖儿孙和府中的淫乱都骂出来了。

喝茶与舔酒

我并非富贵闲人，即使是放假在家，连把米开朗琪罗·安东尼奥尼（Michelangelo Antonioni）的《春光乍泄 / 放大》（*Blow-up*, 1966）一口气从头至尾看完的时间也挪不出来。不过做人总得苦中作乐，替自己泡一杯茶的功夫还是有的，那是坚持，也是必需。假日早上，把描花白瓷小茶壶拿出，先冲点开水把壶身烫热了，再把水倒掉。这时刻小茶壶暖呼呼的有了生命，便放进去一茶匙的天梨茶，放点开水把茶叶略为一洗，这叫醒茶。茶香幽幽地升起，这才正式泡茶。茶泡妥当之后用四英寸长的葫芦丝网茶隔子把一两片游走的茶叶隔掉，黄绿明亮的茶汤便流入圆身的小玻璃杯内，迎着天光看看，最是赏心悦目；呷一口，细细的，更加醇爽回甘，而整个人的神经也一下子松弛了下来，可以安静地坐着看一阵书，又或者清理案头的信件账单，甚至写一篇短稿。

我也知道这样的为一杯茶做张做致会在旁观者的冷眼中显得诙谐，甚至奇怪。在俄国文豪托尔斯泰的长篇小说《安娜·卡列尼娜》（*Anna Karenina*, 1877）里面，列文从乡间前往探望莫斯科的朋友奥布朗斯基，一同在英吉利饭店喝白封印香槟和吃珍珠牡蛎。列文看着白领带的茶房把起泡的酒注入精致的酒杯内，只是不安，并且说话了："我觉得奇怪，我们乡下人，尽量赶快地吃完饭，好去做自己的事情，但是我和你在这里却尽量好久地不吃完饭，并且为了这个，我们吃牡蛎……"

奥布朗斯基给他的回答是："不待说的呀。这正是文明的目的：在一切中获得享乐。"

"哦，假如这是目的，我便宁愿是野蛮的。"

文明的目的倒也不完全在于享乐，而是要在衣食住行这些基本需要上头演化出一套套的礼节和仪式，为的是要把我们和动物区分出来。因此，相对于文明的野蛮行径便令使我们和动物更为相似和接近。吃的文明在于浅尝即止，野蛮的吃法便狼吞虎咽、狐蹲牛饮。《红楼梦》的第四十一回里头，宝玉和妙玉等人喝茶，妙玉寻宝玉开心，把一只九曲十环一百二十节蟠虬整雕竹根的一个大海拿出来，问他可吃得了这一海，宝玉忙道吃的了，妙玉却笑道："你虽吃的了，也没这些茶糟蹋。岂不闻一杯为品，二杯即是解渴的蠢物，三杯便是饮牛饮骡了。"

一杯为品，品即品尝，纯是艺术的欣赏，无所为而为地喝一杯茶；喝两杯则是为了解渴的需要，降一等成为俗人蠢物；喝三杯则沦为畜类了。本来狮子在河边饮水，施然而过，自有王者之风，因它本身就是一头兽。但生而为人而俯身就池而饮，即使是处于酒池肉林之间，也只是非常悲惨的兽性的放浪形骸，谈不上什么文明。

狄更斯在《双城记》里面，借一只大酒桶跌破在街头而描绘出法国大革命之前的民生困苦、粮食短缺。这只大酒桶跌落在酒铺门前的石路上，破碎得好像烂胡桃壳似的。附近的人全部都奔到出事地点来喝酒，“街上的不规则的粗石头，露出各式各样尖角，可以说是公然有意要伤害接近的一切生物的脚，此刻把酒分隔为一些小池潭；这些小池潭都各自被拥挤的人群包围着。有些男人跪着，把双手合成戽斗吸饮，或在酒还未从手缝流失之前帮助爬在他们肩上的女人吸饮；另一些男女却用破陶器的碎片在泥潭里汲取，甚或用女人的头巾去汲取，然后把毛巾扭干在小孩的嘴里；另一些人正在建筑泥坝，防止酒的流失；另一些人，受了高踞在窗上的旁观者的指挥，跑到这里那里去拦住那将要向新方向奔去的酒的细流；另一些人专心致力于桶子的濡湿的碎片，舐舐，甚至津津有味地咬嚼着，这里并无排酒的阴沟，而这些酒不但全被吸干，甚至泥土也连带着被吸食了那么多。只要看见这情景，任何人都会相信这街道上出现了好吃腐秽的动物。”

贫穷使人为了一口红酒而甘心抛掉文明的外衣还原为一只动物，视腐秽为美禄。莫言在散文《吃事三篇》中说他的母亲在六〇年里，饿得没有办法，只好偷生产队的马料吃，被李保管吊起来打。人吃马粮，还要被吊起来打。到了那时节，还说什么文明呢？还有莫言的大娘去西村讨饭，讨到麻风的家里，见过堂里一张饭桌，桌上一只碗，碗里半碗吃剩的面条，麻风病人吃剩的面条，脏不脏？但大娘扑上去就用手挖着吃了。莫言的结论是：“所谓自尊、面子，都是吃饱了之后的事情。”

酒瘾发作之时也谈不上什么自尊。《聊斋志异》里面有个秦生，尝酒如命，每天非醉不欢。家里做药酒之时，有一瓶被误投毒药，发现后被封起搁在床下。一个半夜里秦生酒瘾发作，家里的酒涓滴不存，秦生不顾一切把床底的毒酒翻出来，妻子恨得把酒瓶抢过来往地上一掷，瓶子破碎，满屋流溢，而秦生"伏地而牛饮之"。这也是人沦为动物的丑态。

莫言在《吃事三篇》中还提及挨饿的日子，跟母亲去公共食堂排队领粥。"我记得我家邻居的一个男孩把一罐稀粥掉在地上，罐碎粥流，男孩的母亲一边打着那男孩一边就哭了。男孩高喊着：'娘哎，别打了，快喝粥吧！'他忍打趴在地上，伸出舌头舔地上的粥吃。他说：'娘快喝，喝一点赚一点。'他的母亲听了他的话，跪在地上学着儿子的样子舔粥吃。在场的人，无不夸奖男孩聪明，都预见到他的前途不可限量。果然是人眼似秤，那当年的男孩，现在已是我们村的首富。"

这样一个趴地舔吃的故事却听了叫人振奋。我还听过朋友说起当年的难民潮，漫山遍野地从边界涌过调景岭。后来下了禁令，只有会说广东话的才可以过来。有名男子逃难什么也没带，只带一埕酒。守边界的人见他不会广东话，不许他过，他一言不发，将酒埕向地上一扔，嘭冷打碎，流成一大片桂花泡成的黄酒，那男人伏在地上就喝将起来。那是绝望之后的短暂彻悟：不必企盼将来，欢乐就是在这一刻。

第三辑：饮食与命运

《巨人传》的自然饮食精神

我和梅利在三月的冷风里走着。梅利戴着帽，低着头，喃喃自语：“这风简直来自四方八面，走到哪里吹到哪里。如何躲避？”认识梅利十六年，眼看他在不知不觉之间成为老人，他的言谈举止也就像一个老人。我并没有搭腔，心里却想：彻底躲避的方法倒也还是有的。这样一想，身上更加一阵寒冷。

皮囊与蠢驴

越来越感觉到这副肉身是一重负担。冷的时候嫌冷，热的时候嫌热。肚子饿了要吃，吃得稍一不慎或过分，轻则饱滞不适，重则呕吐腹泻。从头到脚，没有一处不需要花精神时间去清理维修。上班下班，风尘仆仆，更加要抖擞振作，否则那下半世的光景便要显露出来了。兴致好的时候也会出外寻访一两件整齐的衣服。对上一次独自走在曼哈顿的街头，忽然不为什么地感到通体舒畅愉悦、脚步轻快，相信已经是三四年前的事了。这种质地明净、贯通肉体与精神的幸福，一生能有几次？而且来去如风，不能强求。在这生老病死的过程之中，似乎还是磨难略为多了一点点。

怪道佛家说这肉身是臭皮囊，能将之抛下是大解脱。连方济各这般乐天知命的天主教圣人，也不得不称他的肉身为蠢驴——诸多需索而又冥顽不灵，最好不要理他。中世纪有一种苦修僧，长期斋戒，日吃一谷一麻；经年不洗澡，身上出了臭虫美其名曰上帝的珠宝；贴身挂着有铁钉的十字架，念晚课之时还用粗麻绳鞭打自己的背脊。为什么要出尽法宝对付这只蠢驴？只因为天主教的教义里有一条说明：人生在世，能够阻碍我们安然登升天国的仇敌有三，一是魔鬼，二是世界，三是肉身。

魔鬼与世界，好歹还能躲避则个，倒是这肉身，和自己朝夕共处，好难对付。凡夫俗子，哪能将肉身彻底征服？过分的克己，操之过急，变成走火入魔，精神变态，更加不妙了。倒不如退而求其次，取其中庸之道。这副肉身，固然不能骄纵，但却要给予适当的照顾。基督也参加婚宴，也曾将水变酒。他身上多少有一点欢乐酒神的影子。连德国圣哲迪特里希·潘霍华也提出“生命多重奏”的论点。他说：“说得坦白一点，在妻子的怀抱之中却又偏偏去想超凡入圣的宗教问题，是缺乏品味的表现。”潘霍华的意思是：天下万般事情皆各有位置、各有时刻。如果上帝愿意给我们享有强烈的肉身欢愉，我们又何必假惺惺地自以为比上帝更神圣呢？但当然不可以此作为放纵肉身的借口。

一个肉身　两种态度

英国18世纪的讽刺厌世小说《格列佛游记》（*Gulliver's Travels*, 1726）里面有一种叫也豪的生物，形容猥琐，习性污秽，暴饮暴食，随时放屁，随地拉屎，雌雄杂交，纵欲无度。这部小说的作者乔纳森·斯威夫特（Jonathan Swift）其实是借也豪来讽刺人类的贪婪和丑恶，处处流露了作者对肉身的讨厌和憎怖。对肉身采取这样极端敌视的态度当然并没有好处，结果是斯威夫特本人也变得神经失常，在疯人院郁郁而终。

和《格列佛游记》南辕北辙的是法国16世纪的小说《巨人传》。《巨人传》的作者拉伯雷是法国文艺复兴时期中最伟大的小说家，而他的小说正是对狭窄的教条主义做出了强而有力的反抗。中世纪以前的教会还是打着以神本位的旗号，以严厉的教条主义作为政治手段，把人的天性压抑得透不过气来。拉伯雷自己就当了三十年的僧侣，深刻体会修道院幽闭刻苦生活的坏处。在《巨人传》中，拉伯雷假借卡冈都亚及庞大固埃这两位巨人父子的传记来宣扬肉体的解放、饮食的愉悦，对传统教条和八股教育提出抗议。后来演变出来的所谓“庞大固埃主义”，就是相信世界只有通过欢乐和嬉笑才能得救。巨人吃起牛来数以万计，拉屎堆成山，撒尿流成河。这是一本屎尿屁的专书，却不教人觉得污秽，因为一切都是表现得那么坦然自在，是最天然的生理功能，处处流露了强大的生命力与不可抑止的欢乐。

顺其自然

像书中第一部第二十二章里面，就列出了卡冈都亚小时候玩过的游戏二百一十七种，洋洋洒洒，不为什么，就是因为喜欢。卡冈都亚随神学大师求学之时，也是学问和饮食并重的。清早起来，先是拉屎、撒尿、打噎、放屁，然后吃早餐，包括大块油炸猪肠、大块炭火烤肉、美味火腿、美味烤羊肉，和一大盘早餐黄油面汤。早餐之后上教堂，听弥撒，喝葡萄仙汁。念书之后，又慢慢地吃上几打火腿、熏牛舌、咸鱼子，还用四位仆人把芥末整铲整铲地向他嘴里不断送去，然后大喝白酒，松松肾脏。

卡冈都亚的儿子庞大固埃如是说："人类依靠酒神的力量，便可以心灵飞扬、肉体舒适。人体一切趋向地下的东西都变得柔顺软和了。"

卡冈都亚创立了他特有的修道院，院中的僧侣和女尼可以按他们的喜好生活，而不受制于任何成规，他们睡眠、吃、喝、工作，都只是顺其自然。这修道院的条文只是：做你们要做的事。

这当然是极端的人文主义，一切以人为本位。尊重个人的自由，反对现有的教条。在拉伯雷的时代里有它的一番革命和创新精神。在今天这只讲求功利的社会里，人们为了金钱而营营役役，残害了健康。那“庞大固埃主义”的重视肉身天然功能，提倡肉身和精神的合一，也能起平衡的作用，有值得参考之处。

饮食与道德

拉丁美洲魔幻写实小说《百年孤独》描述了布恩地亚这家族七代的历史，从第一代的霍塞·阿迪奥·布恩地亚和他的妻子乌苏拉来到马贡多兴建新的家园，一直到第七代因乱伦而生下的长尾婴孩被蚂蚁吃掉为止。内容奇幻而又基于现实，照1982年瑞典皇家学院颁授诺贝尔文学奖给加西亚·马尔克斯的说法，这部小说“汇集了不可思议的奇迹和最纯粹的现实生活”。内容多有套用印第安传说和阿拉伯神话，但同时又反映了哥伦比亚遭殖民主义和帝国主义剥削摧残的政治现实。

十代人　两个名

布恩地亚这家族在马贡多一代又一代地相传下去，每一代都取用奥雷良诺和阿卡迪奥这两个名字。“他们即使相貌各异，肤色不同，脾性、个子各有差别，但他们的眼神皆流露了这家族特有的孤独神情。”

虽然他们最终还是走向孤独消亡的命运，他们却因为性格不同而各有不同的人生取向和态度。我们不妨先从人物的名字入手。

布恩地亚（Buendia）这家族名字有“晴朗日子”的意思，和这家族的悲惨命运对照之下，不无一种反讽意味。这家族中的男丁一再重复用的奥雷良诺（Aureliano）有“金黄发光”的意思，代表的是一种比较克己和道德的人生观，往往企图通过政治革命来改善这个世界；而阿卡迪奥（Arcadio）这字从Arcadia演化而来。Arcadia是位于希腊的一处风光怡人的山区，是理想的田园生活象征。它代表的是人的动物性和天然品质，倾向于享乐和情欲的放纵，只顾寻求一己的满足而不负任何责任。

像第二代的阿卡迪奥，自小随吉卜赛人流浪去了，多年之后成长回家，已成为一名彪形大汉，走起路来大地震动，而且天生异禀，引来女性的好奇和兴趣。他在吃的上头自然也与众不同，闲闲地可以一口气吞吃十六只生鸡蛋。他曾经在海上漂流的时候吃过死人来维持生命，“那被海水腌了又腌，在烈日下烤熟的尸肉吃起来一粒粒的有股甜味”。他“一顿午饭要吃半头猪，放出的臭屁能把花朵都熏蔫掉”。颇有《巨人传》里面的巨人气派。最后他还不顾家人的反对，和雷蓓卡结为夫妇。雷蓓卡是从远方来投靠布恩地亚家族的，被收养为女儿，因此名义上是阿卡迪奥的妹妹。因此两人结婚，颇有一点乱伦的意味。阿卡迪奥这样地纵情食欲和情欲，是人性中的动物性的最彻底表现。

灵欲双胞胎

到了第四代的布恩地亚，出现了双生子，取名奥雷良诺第二和阿卡迪奥第二。奇怪的是两人的性格似是对调了。阿卡迪奥第二反而是一名矫枉过正的道德人物，而奥雷良诺第二却纵情饮食与色欲。书中对这奇怪的现象有个交代：乌苏拉一直在暗中怀疑这对双生子在孩提时代就给人误认和对调了。因此奥雷良诺第二很可能原来就是阿卡迪奥第二。

这个奥雷良诺第二也是和阿卡迪奥一般的品格。家有贤妻，却另外混上了情妇佩特拉·科特。“他们曾不止一次地在准备吃饭的时候互相瞅着，然后一句话不讲，盖上菜盆饭碗，饿着肚皮进卧室寻欢去了。”“每天上午十一点火车到达时，他总是收到一箱一箱的香槟和白兰地。”而奥雷良诺第二不管三七二十一地把路上的陌生人拉回家去饮酒作乐，狂欢跳舞。

这种纵情享受的人生观骨子里还是一种虚无主义。奥雷良诺第二养的牲口繁殖个没完没了，而他反在欢乐的高潮叫喊：“别生了，母牛啊。别生了，生命是短促的。”

食得皆因有道德

这种毫无节制的狂欢会其实有悲惨的另一面：“在

那无休无止的聚会上，杀了多少头牛和猪，宰了多少只鸡，连院子里的泥土即被血汇成了黑色的泥潭了。这里成了长年丢弃骨头和内脏，倾倒残羹剩饭的垃圾堆和泔脚缸，需要不时点燃炸药包，以免兀鹫啄掉了客人的眼睛。”显而易见，狂欢的背后是腐烂和死亡。

由于饮食无度，奥雷良诺第二变得身体肥胖，脸色发紫，形似乌龟。他的恶形恶状当然是他品格低下的一个反照。后来来了一名诨名“母象”的女子，和他来一次食量比赛。这女子本名卡米拉·萨加斯杜梅（Camila Sagastume）；这名字有“高贵和有智慧”的含义，分明对无品无格的奥雷良诺第二是个强烈的对比和裁判。母象虽然长得体格魁梧，却品格温柔，容颜漂亮，而且吃起来气定神闲，不似奥雷良诺第二的狼吞虎咽。

母象明白一个人要吃得安舒，并非依靠刺激胃口，而是依靠精神上的安宁。她更一早看穿了问题之所在：奥雷良诺第二如在食量比赛上头输了给她，不是因为胃量不够，而是因为品格低下。

因此，吃的最高层次还是一个道德的层次。

纽约肥婆勇战波士顿
——食量大赛记趣

细想进食也算是运动：牙齿的力度、双颌的配合和餐具的操作，都需要高度的技巧和精神集中，稍有差池，轻则烫伤舌头，重则鱼骨鲠喉，甚至于致命也有的是。这本是难度极高的项目，但世运会从来也没有考虑将之罗列包括。至于个别的食量比赛，世界各地皆有举办，只是通常被视为旁门左道的玩意儿，难登大雅之堂，一来是因为这种比赛有鼓励暴饮暴食之嫌，二来是这样纵容口腹之欲，有损健康，大大违反了饮和食德的本义。

吃的比试

虽然如此，近年终于有国际竞食联盟（International Federation of Competitive Eating）的成立，简称IFOCE。此会每年举办世界各地的大小进食比赛达一百项之多。

优胜者的奖金由美金500元至2000元不等，算不了是什么大买卖，但总算引起了一些大众传媒的注意，甚至有电视台现场转播。进食比赛的焦点可以是食量，也可以是速度。但一般的进食比赛皆以速度定胜负，像每年7月在美国举办的热狗大赛，纪录是在12分钟吃掉了53条半热狗。纪录持有者是绰号“海啸”的日本男子。奇怪的是海啸只身高5英尺7英寸，体重132磅。他吃热狗的技巧是先把热狗分成两半，然后塞入口中吞吃。进食比赛一般也就单从技巧入手。例如说吃西瓜大赛就有这样的提示：连核吞下，吐核会拖慢速度；如果长头发的话先把头发束起，以免碍事；小口小口地吞吃，咬一大口反而要花时间嚼烂；比赛前勿饮水，因为西瓜本身就有92%的含水量。

但是小说里面的进食比赛却呈现了全然不同的面貌。达蒙·鲁尼恩（Damon Runyon）是走红于三四十年代的美国作家，他的短篇小说多以纽约市为背景，人物往往是赌徒、黑社会分子、游手好闲的浪子或江湖豪侠。鲁尼恩的文笔风格自有一番市井式的流利活泼，风趣而又充满机智，可以说是一流的流行小说作家。他的短篇《一块馅饼》（*A Piece of Pie*, 1937）便是以进食比赛为题材。

话说在1937年的一个夏日晚上，在纽约一家名叫文迪的饭店内，举行了一次纽约对波士顿的进食大赛。代表波士顿的是祖儿·德福。祖儿·德福长得身长肩垂，容颜悲戚，但吃起生蚝连壳也吞掉。他是一位眉毛食客，即是说他进食之时眉毛不停上下郁动，往上走动简直达到发端里去。这类食客通常是飞擒大咬，效率极高。代表纽约的本来是骨子·钟士，却原来骨子·钟士长得并不骨感，高5英尺8英寸，阔5英尺9英寸，体重283磅。吃起来没有两足动物是他的对手，而四足动物之中也只有大象可堪和他一比高下。

夺冠要食脑

可惜骨子·钟士堕入了爱河，未婚妻规定要他把体重减至一半，方肯签结婚证书。钟士只得依从，饿得奄奄一息，也就没有能力参赛。结果纽约帮找来另一位代表，是名叫维奥拉的大肥婆，体重250磅，却长得不难看，笑起来尤其动人，两排牙齿洁白漂亮。但纽约帮到底不放心，死拖活拉把骨子·钟士拉来做维奥拉的技术顾问。比赛当日骨子·钟士居然也有到场，远远地坐在维奥拉背后，虽然人已经因为过度节食而显得虚弱不堪。

这场进食比赛以食量为焦点，双方各叫了六道菜式，一共十二道。并没有时限，但进食之间的每次停顿不可超过两分钟。可随时服用流质清水。如果双方皆能把全部菜式吃完的话，便得再叫火腿蛋来吃出胜负。

开始时祖儿·德福吃得眉飞色舞，倒是维奥拉吃得气定神闲。虽然祖儿一路领先，她亦视若无睹。渐渐地她迎头赶上来，却并非她增加了速度，而是祖儿自己慢了下来。眼见快要吃到最后一道南瓜馅饼，还未能分出高下。此时只见维奥拉向骨子·钟士示意，叫他走近她身边，她就在他耳根说了点什么。波士顿帮大表抗议，认为维奥拉犯了规。骨子·钟士说："她只是问我吃了这份南瓜馅饼之后可否替她再叫一份罢了。"

祖儿一听此言，忙摇头道："算了算了。我认输了。我连这一份也吃不下去。"这次进食大赛还有一段尾声：赛后骨子·钟士和维奥拉双栖双宿去了，抛下了逼他节食的未婚妻，重新恢复他原有的丰肥体态，原来钟士在担任维奥拉顾问时已陈仓暗度。而当晚维奥拉在他耳根说的是："我眼看要输了，你切莫再加赌注……"而骨子·钟士反而因此灵机一动，运用心理战术，助维奥拉打了一次胜仗。正是兵不厌诈，以智力战胜肠胃。

食德胜食得

至于《百年孤独》里的一场食量大赛，境界又更进一步。故事里的奥雷良诺第二和绰号"母象"的女食客展开了一场四日三夜的食量生死战。奥雷良诺第二长得身体肥胖，形状似龟，而且脸色发紫，分明健康出了问题，是暴饮暴食所引致。反观母象，长得高大健壮，却依然流露女性的温柔，而且容颜漂亮，双手细嫩，魅力令人难以招架。吃起来举止沉着，似外科医生在做手术那样在切肉块，吃得不慌不忙。而奥雷良诺第二虽然吃得精神抖擞，生气勃勃，却未免有点夸浮急躁。

但尤其关键的是母象认为吃饭不靠人为地刺激胃口，而是靠精神上的安宁。如果一个人内心平安，便大可以吃个不休。她一早就看出奥雷良诺第二之所以会败在她手上，不是因为食量，而是因为品格。吃到后来母象一番诚意劝道："如果你不行了，就别再吃吧，咱们算是打个平手。"她说的是真心话，而奥雷良诺第二反而误会她在向自己一再挑战，结果吃得口吐白沫，倒在地上昏死过去。

母象吃赢了奥雷良诺第二是因为她品性善良，她的胜利比骨子·钟士的胜利又高一筹。钟士的胜利是智力的胜利，母象的胜利是道德上的。

反吃战士和美食家

陆文夫的《美食家》（1982）描述了两个中心人物，一是反吃战士高小庭，一是识饮识食的朱自冶。两人的人生观自是南辕北辙，却一起经历过解放、“大跃进”、困难年和“文化大革命”。但到了真正尘埃落定之后，依然以胜利者姿态出现的竟然是那位不学无术、只会享受的朱自冶。他成功的真正因素何在？

朱自冶在解放前是位房屋资本家，不事生产，只依靠收房钱而过着好吃成精的日子。高小庭和朱自冶本有点亲戚关系，因父亲过世，便搬进朱自冶的住宅，不出房钱，只是母亲要替朱自冶做家务兼守门，而高小庭也要在放学之后替朱自冶做跑腿，按照他的吩咐到各处买小吃。堂堂一个高中生竟要替一个好吃鬼当小厮，这是高小庭深以为耻的事。因此在1948年，高小庭一有机会便前往解放区当学生兵去，却依然被派回来本家苏州做饭店的经理，只因为他对吃这一门多少有点认识，而这还是拜朱自冶之所赐。高小庭起先还提出反对：“不不，部长，我对吃最讨厌！”部长幽了他一默：“你讨厌吃？

很好，我关照炊事班饿你三天，然后再来谈问题！”只这一句话便足以说明反吃战士注定要失败。谁能反对吃？反对吃还能活么？

无用武之地

但是高小庭一旦当了饭店的经理，还是放手大干，改革一番。到了对菜单进行革命时就受到了很大的阻力。为了服务人民，走向大众，什么松鼠桂鱼、雪花鸡球、蟹粉菜心等资本家的菜式得全部革掉，取而代之的该是白菜炒肉丝、大蒜炒猪肝、青菜狮子头。但店中的老厨子提出反对，因为这样一来饭店也不成为饭店了，二来厨子也无用武之地。

渐渐地有人批评这饭店，说这店是名存实亡，饭菜质量差，花色品种少，服务态度劣。而最教人惊讶的是：说这种话的人百分之九十以上都不是资产阶级。遇上食客对饭菜不满，高小庭还晓以大义：“艰苦朴素的作风还得保持。”食客讽刺道：“对对，谢谢您的教导，早知如此应该背一袋窝窝头上苏州，你们这家饭店嘛，存在也是多余！”

高小庭的旧同学丁大头更进一步向他点明真相：“我只是想告诉你一个奇怪的生理现象，那资产阶级的味觉和无产阶级的味觉竟然毫无区别！资本家说清炒虾仁比白菜肉丝好吃，无产阶级尝了一口之后也跟着点头。他们有了钱以后，也想吃清炒虾仁了，可你却硬要把白菜炒肉丝塞在人家的嘴里，没有请你吃榔头总算是客气的！”

饥饿无分阶级

味蕾不分阶级，食客无有贵贱。丁大头说出了赤裸裸的事实：“告诉你吧，即使将来地主和资本家都不存在了，你那吃客之中还会有流氓与小偷，还有杀人在逃的。信不信由你。”可不是，住旅馆还需要工作证和介绍信，吃饭只要有钱便可以。更叫高小庭大吃一惊的是，他家里招呼丁大头吃家常便饭，竟也是异常丰富的五菜一汤，汤是味道鲜美的活鲫鱼汤。到了“大跃进”之后的困难年，高小庭终于后悔了：“如果当年能为他们多炒几盘虾仁，加深他们对于美好的记忆，那，信心可能会更足点！”

困难年里高小庭还发现了另一项真理：饥饿亦无分阶级。“……我和朱自冶处于同一个灾祸之中，他饿我也饿。同样地饿得难受。”反吃战士和美食家终于站在一起了。当时流行一种肥肿脸泡病，药方却很简单：一只蹄髈，一只鸡，加四两冰糖煎服便可以——到哪里去找呢？高小庭终于得出结论如下：“文化大革命”可以毁掉许多文化，这吃的文化却是不绝如缕。

旁的不论，单只是丁大头大力推举的清炒虾仁，便在“文革”之后发展为更为瑰丽神奇的西红柿虾仁。原来解放后饭店作风转向朴素，好吃鬼朱自冶便自谋去向，搭上了前政客姨太太孔碧霞。朱自冶本来不好女色，他和孔碧霞之所以结合，原因很简单：孔碧霞烧得一手好菜。后来饭店的员工包坤年成立了一个烹饪学学会，还请来朱自冶当会长。“文革”时被打成吸血鬼挂着牌子站在居民委员会门口请罪的朱自冶竟又摇身一变成了美食家。

烹饪学学会成立之际，由朱自冶指挥，孔碧霞动手，花了四天的时间办了一席十人盛宴。席间便有一道西红柿虾仁。朱自冶介绍道：“一般的虾仁大家常吃，没啥稀奇。几十年来这炒虾仁除掉在选料与火候上下功夫以外，就再也没有其他的发展。近年来也有用番茄酱炒虾仁的，但那味道太浓，有西菜味。如今把虾仁装在西红柿里面，不仅是好看，请大家自品。”

吃得出却说不出

大家都觉得这虾仁果然有点特别，鲜美之中略带西红柿的清香和酸味。人的味觉都差不多，但差别在于吃得出却说不出。而朱自冶的伟大就在于他能说得出来，虽然是七歪八倒地有点近于吹牛。

我们终于发现了朱自冶之流能身经百战而依然傲然站立不倒的秘密：吹牛。正如书中所说：世界上的事情会做的不如会吹的，会烧的也不如会吃的。孔碧霞自己对朱自冶的总评是：“他这人是宜兴的夜壶，独出一张嘴！”

美食家正名记

“民以食为天。”“君子远庖厨。”

这两句似是自相矛盾的话正好说明传统中国人对饮食采取的伪善态度。一般庶民自然是以吃为大；君子本来也是“民”的一分子，却又仿仿佛佛地高出一等。君子也得吃东西，但是吃归吃，要我下厨那可不成。《易经》话斋：“君子以酒食宴乐。”可是什么人去把这酒食调理出来以供君子宴乐呢？

在陆文夫的中篇小说《美食家》里面，有一班人在“文革”之后大排筵席。席间有人大发议论，说什么“文化大革命”和困难皆已成为过去，如今放怀大吃便是。而且在将来大家都能天天吃上这样的菜。故事的主角却在暗中怀疑：“我听了肚子直泛泡，人人天天吃这样的菜，谁干活呢？机器人？也许可以，可是现在万万不能天天吃，那第五十八代的机器人还没有研究出来哩！”于是乎君子一方面追求美食，一方面又不屑，又或者不敢面对美食背后的代价，包括劏鸡杀鸭、倒泻箩蟹的人力和物力。原来“君子远庖厨”是为了逃避现实。

箪食瓢饮

就连孔夫子他老人家也一方面盛赞颜回那“箪食瓢饮”的朴素人生，一方面又兴高采烈地说溜了嘴，大谈“食不厌精，脍不厌细。食饐而餲，鱼馁而肉败，不食。色恶不食。臭恶不食。失饪不食。不时不食。割不正不食。不得其酱不食”。这样不食，那样不食，简直腌尖腥闷之至。然后一下子又话说回头，来个“君子食无求饱，居无求安”。

“名不正，则言不顺。”大约是基于这种种内在的矛盾态度，中国似乎一直没有出现过一个正面的名号加于讲究饮食的人士。苏东坡的《老饕赋》里面有这样的句子：“盖聚物之夭美，以养吾之老饕。”这“老饕”便成了识饮识食的称号。饕餮本是贪吃无厌的残暴怪兽，苏东坡这“老饕”多少带点自我嘲讽的意味。这饕餮，相当于老外的glutton，即暴饮暴食之辈；依照意大利诗人但丁（Dante）的看法，是要打入第三层地狱，躺在发出恶臭的雨水之中，忍受三头魔犬猞拜罗利爪的撕裂。

陆文夫的《美食家》一开首便点明了这一种矛盾：“美食家这个名称很好听，读起来还真有点美味！如果用通俗的语言来加以解释的话，不妙了；一个十分好吃的人。”“好吃”，就是广东人说的“为食”。小说中的主人翁高小庭自幼便接受“反好吃”的教育，并且说：“孩子羞孩子的时候，总是用手指刮着自己的脸皮：‘不要脸，馋痨坯[1]；馋痨坯，不要脸！’因此怕羞的姑娘从来不敢在马路上啃大饼油条；戏台上的小姐饮酒时总是用水袖遮起来的。我从小便接受了此种‘反好吃’的教育，因此对饕餮之徒总有点瞧不起。”但是小说中那位以吃成家的朱自冶，身经“文革”之劫，照样怡然地活了下去，而且还凭着自己吃的经验大吹大擂一番，结果得到了“美食家”的称号。有人在席间建议朱自冶去当饭店的指导和顾问。但是用什么名义呢？结果有人把筷子一举：“外国人有个名字，叫美食家！”

美食家

高小庭暗自思量这朱自冶的平生起落：“辛辛苦苦地吃了一世，竟然无人重视，尚且有人反对，真正价值还是外国人发现的！……好吃鬼、馋痨坯等等都已经过时了。美食家！多好听的名词，它和我们的快餐一样，也可以大做一笔生意。”高小庭的话没错。饱食终日无所事事的寄生虫，一旦冠以“美食家”的名号，便可以公然地继续其饮食事业，并且大捞一笔。

高小庭说“美食家”这称号源自外国，似乎也没有说错。英文中和“美食家”意思相若的字很多，其中的gourmand比较形迹可疑，既可以解作饕餮，又可解作会吃会喝的人士。至于gourmet则是名正言顺的美食家；

---

① 馋痨坯，粤语，意思是“贪吃的东西”。

gastronome 和 gastromer 亦可作“美食家”解。但我还是比较喜欢 epicure 这个称号。

唯物主义

Epicure 脱胎自 Epicurus（伊壁鸠鲁）。伊壁鸠鲁是古希腊哲学家。他的幸福学说最为著名。简单一点来说，伊壁鸠鲁可以说是一个唯物主义者。他认为人生匆匆一场，从虚无到存在，又再从存在重归虚无。就只不过是这样。死亡并不足惧，真正可怕的是对死亡存有恐惧。一切的祸患因此而生。要以平静的心态对待生死，并在存活的一段时间内以实事求是的态度去追求快乐。因为他是唯物的，因此他指的快乐也只可以是肉身方面的快乐，后来因此有人误解伊壁鸠鲁为一种不负责任的享乐主义。其实他主张的是一种中庸之道，追求的是有节制的、适可而止的欢乐。过度的欢乐只会带来痛苦，但合乎中庸之道的欢乐却会给人带来平静和幸福。

其实伊壁鸠鲁的人生观是无可奈何和哀伤的：生命短暂，但又何苦痴心妄想地去捕风捉影？不如寻求那实在可得的欢乐。他的名言是：“肠胃的欢愉是一切美善之始；即使智慧和文化的根源也在这里。”

我们不会同意这般简单的论调，但他的另一句话却很有道理：“与其在金枕上辗转反侧，不如安睡在草席之上。”

借醋记

如今吃饭甚是方便。大不了叫外卖。一碟叉烧饭，或者是上海粗炒面，再加上一杯清茶，也就把一顿混过去了。因此很难想象有借饭这样婆婆妈妈的老土事。即使家中偶然来了位不速之客，还是可以把他留下来吃便饭。广东人话头：多个人多双筷子啫。因此如果还会在一碗饭上头斤斤计较，泰半是另有内情隐衷，曲曲折折地通过这碗饭透露消息。

借饭讨醋有文章

张子静在《我的姊姊张爱玲》里面忆述当年张爱玲离开父亲，和姑姑同住爱丁顿公寓。一次他前去探望谈话，不知不觉到了吃晚饭的时分，因此姑姑对他说：“不留你吃饭了，你如果要在这里吃饭，一定要先和我们讲好，吃多少米的饭，吃哪些菜，我们才能准备好。你现在这样没有准备就不能留你吃饭。”

这其实是婉转的逐客令。因为张子静的姑姑和他的父亲兄妹失和，早就断绝了来往，而张子静依然在父亲看管下生活，因此姑姑对他怀有戒心，表现也就比较冷淡，借一碗米饭出了问题，请他上路。

张爱玲的短篇小说《桂花蒸阿小悲秋》里面的秀琴和阿小议论她的东家："我们东家娘同这里的东家倒是天生一对，花钱来得个会花，要用的东西一样也不舍得买。那天请客，差几把椅子，还是问对门借的。面包不够了，临时又问人家借了一碗饭。"这一碗饭便借得有点古怪。明明请客吃面包，不够了又用饭搭够，不中不西。也不知道请的是哪一门子的客。又正因为太古怪了，不像是张爱玲凭空杜撰出来的，倒大有可能是她亲睹亲闻的实事，裁剪下来贴入她的小说里面。因此这一碗饭更加借得耐人寻味。

《论语·公冶长第五》里面，孔子议论微生高这个人："孰谓微生高直？或乞醯焉，乞诸其邻而与之。"意思就是："谁说微生高为人正直老实？有人向他乞讨一点醋，他自己家里没有，便问邻人讨了醋来，转给来讨醋的人。"

照孔夫子的意思，有人来问自己讨醋，既然自己家里没有，就不妨老老实实地说没有。何苦向邻家讨了醋来再转给那讨醋的人呢？这么用心良苦地去帮助别人，恐怕是别有用心吧？说不定是为了博取好名声。孔圣教人凡事要讲求中庸之道，不要太过，也不要不及。做善事也不例外。儒家讲究一个"礼"字。礼者，节也，即万事有个限度。助人无疑是快乐之本，但也不好助得过了头，要适可而止。这种道德观纯是服从现有社会法则的一种道德观，对统治者非常有利。正如有些海报劝人不要随便施舍路边的乞丐，最好把钱捐给慈善机构。

愚行？至善？

但宗教上的行善仁爱是没有限度和止境的。基督不单叫我们爱人如己，还要我们爱我们的仇敌。如果别人要你的外套，便把衬衣也奉上。如果有人叫你走一里路，你便走两里。未知孔夫子对这种超额完成的行善会表示什么意见？圣德肋撒的父亲有一次在火车站遇上乞丐向他要求施舍，刚好他身上没有现钱，于是便脱下帽子代那乞丐行乞。又未知孔夫子是否以为他有神经病？孔夫子凭一己的行善应有节制的尺度去量度微生高的借醋助人之举，认定他的所作所为只是博取好名声的伪善，又是否武断一点？谁能看透一个人内心真正的动机呢？正是人看外表，神看内心。最令人深省的是：我们心目中别人的缺点，可能正是优点；我们心目中别人的恶意，可能正是美意，不过是我们误会了，或者看差了。

我们对微生高这个人知道得很少。他在《战国策》和《庄子》里面都以极度忠信的义士姿态出现。不过在《战国策》里面他成了“尾生高”，但是说的都是同一个故事：微生高在桥梁下面和女子约会，女子没有来。桥下涨了大水，他就抱着桥梁的柱子淹死在那里。《战国策》里面的苏秦对微生高评价不高，说微生高这样守信，只是自我掩饰、自我保护的伎俩。但苏秦自己是位政客，因此他的话不能作准。庄子议论微生高这个人重名轻死，不念归本养生之道。庄子对微生高这样的评价其实也只是道着了他自己。庄子表面上讲宇宙的无限，讲逍遥自在，不拘形迹，顺应天然，其实他说理起来思路却十分谨慎紧密。拆穿了，他的哲学是老谋深算地去独善其身。因此对微生高这样舍生守信的行为，当然认为愚不可及。

骨肉不如守寡妇

日本导演小津安二郎的《东京物语》（1953）里面，年老的平山夫妇前往东京探望子女，奈何当医生的长子和开美容院的女儿都各自忙着；最后还是女儿想起了守寡的嫂子纪子，打电话叫她出面款待平山老夫妇。纪子是平山夫妇的二媳妇，但丈夫已经去世，因此关系已经疏离。幸而纪子依然尽心尽力，自己特别请假一天陪家翁婆婆游东京，并招待他们在家吃饭。

纪子早已叫了外卖饭菜，又另外往邻家借清酒和杯子，邻家心软，又自动送出了一碗煮青椒。纪子高兴地把清酒和青椒捧回家孝敬平山夫妇，且坐在两人当中轻轻地拨着扇子。

婆婆心中难过：自己的子女还不及一个守寡的媳妇。但媳妇告假借酒，曲曲折折地去张罗款待家翁婆婆，仿佛是最自然不过的一回事。小津拍来真是只有一番浑朴的温柔敦厚。谁也没有想到什么博取好名声的上头去。

苦儿宴会

1969年的冬天，我还在香港遇见过婢女。我前往一家太子道的西医诊所就医，开门的是个十一二岁的女孩，素色唐装衫裤，拖着一条辫子，笑眯眯地出现，又悄然无声地消失。我还看得见她左颊上一块紫红胎斑。这不是妹仔又是什么？那年头还有这样不体面的欺压儿童行当。这些年来，儿童的地位和生活质素总算有所提高了吧。然而在落后的不毛之地，儿童生命的价格依然低贱得叫人惊心动魄。思想受过训练的首先想到的自然就是改革社会，但不管社会怎样改善进步，悲惨不幸的儿童还是随时可见。个人的善举虽然微薄，却胜在即时交流、随地实行——一种人与人之间最真实的施与受。有心人士可以每月按时献捐儿童医院，或隔山领养非洲幼儿，各尽绵力，照样可以暖老温幼。莫因善小而不为。

女作家萧红曾经说过，如果在街头遇见乞丐，就舍给他一个角子吧，且别问这是否有用。“且别问这是否有用”并非自欺欺人的鸵鸟心态，而是“明知其不可为而为”的宗教情操，一种“只顾耕耘，不问收获”的超越精神。采取这种精神行善，其目的并非社会性的实用主义，甚至也和道德无关，而纯是人与人之间的一种美的感应，比较接近诗情，而远离理性。即使在最繁荣的大城市，也可以在横街小巷遇到病汉饥童，而总有独行仁者在街头施食舍钱之后，静静地离去，不求人知；能看见瘦弱的小童紧握肥白的面包，脸露柔和满足的笑意就已经是最佳的回报。

十八、十九世纪的英国有一种不人道的行业叫扫烟囱人（chimney-sweeper）。这些不足十岁的幼童体型细小，最适宜钻进有钱人家的烟囱里，用长刷子清除其间所堆积的煤屑和油烟，这种残害儿童心身的工作当然招来有良知人士的非议。当时好些著名的英国作家皆以扫烟囱小童为素材，写成散文或诗，促进了这虐待儿童的行业的取缔。

英国诗人威廉·布莱克（William Blake）在《纯真之歌》（*Songs of Innocence*, 1789）里面有一首《扫烟囱小童》（*The Chimney-Sweeper*）；诗中的小童汤姆在睡梦中看见上千扫烟囱小童被锁在棺材里，然后拿着光明锁匙的天使来到，还他们自由。他们于是在绿茵上嬉戏，在河中洗澡，在阳光中承受温暖。最后，他们升上云层，在风中游玩。天使还告诉汤姆，假如他乖的话，他就有神做他的父亲，永远幸福。

且慢指控诗人推销廉价的温情，哄骗无知小童，教他们寄望于虚无缥缈的来生。真正的扫烟囱小童根本没有机会读到这一首诗。诗人无非是借对来生的向往来侧面反映扫烟囱小童的悲惨生涯，并借此唤醒麻木不仁的良知。这种因人生的悲惨而兴起的浪漫幻想往往正是革命精神的先声。

英国散文大家兰姆在 1842 年便将布莱克的这一首诗编选入一本改革社会不平的宣传小册子《扫烟囱者之友》（*Chimney-Sweeper's Friend and Climbing Boy's Album*）里面，而兰姆自己也在 1822 年写过一篇散文《扫烟囱童赞》（*The Praise of Chimney-Sweepers*）。兰姆在这篇散文中对扫烟囱小童的生涯作了一番诗情画意的描述和赞礼之余，又劝世人善待这不幸的一群，包括给他们施舍金钱，请他们喝萨露普茶（saloop），不介意跌倒在地引他们发笑。

兰姆还在文中记述他的一位作家好朋友詹姆·怀特（Jem White），在一年一度的圣巴塞罗缪节（St. Bartholomew Fair），于伦敦的史密斯菲尔德（Smithfield）北部牲口市场的畜棚，自资举办义宴，款待伦敦市的扫烟囱小童，飨以香肠、啤酒、白面包。

地点虽然只是畜棚，却照样摆了三张长桌，桌布餐巾一应俱全，到会的胖厨娘手握平锅，锅中的香肠正哧哧作响。至于那位詹姆·怀特，既当东道，又兼听差的，一直兴致勃勃地招呼这班黑墨墨的小贵族，称他们"先生"，依据年龄大小分配食物，把快到嘴边的珍馐半路截住："必须再回回锅，弄得更香脆，不然就不配绅士享用。"一边向幼小的推荐无皮软面包，一边又彬彬有礼地劝饮淡啤酒，并建议举杯之前必须揩净嘴边。这样一本正经地把平常啤酒当作名牌佳酿，又将扫烟囱的小童暂且提升为绅士，自是另有一番惨淡经营的浪漫情怀。

在场招呼小童的，除了詹姆·怀特之外，还有贵族出身的毕各特（Bigod，是兰姆给好友 John Fenwick 的化名），和兰姆本人。兰姆在文中说这些扫烟囱小童之中说不定有好些是遭拐带的贵族孩童，因此戏称他们曰“偷换儿”（changeling）。童话中有小精灵把人间小婴盗取，再用精灵顶替，谓之偷换儿。而詹姆·怀特则夸口说他的目的无非是要扭转这些偷换儿的厄运，凭着一次义宴把他们还原为绅士纨绔。

虽说这三个人都是名士一路的风流人物，天真未凿，童心尚存，他们那年宴慰苦童的善举却何尝没有两分乘机自娱一番的私心。当然这也无可厚非。席间高呼祝愿，有“国王万岁”“黑袍光荣”“愿烟刷胜于桂冠”。黑袍是指僧侣的法衣，兼指苦儿的烟墨，是一词双关的戏语。“烟刷胜于桂冠”，亦是“笔墨尤胜刀剑”（The pen is mightier than the sword）的谐拟。烟刷和桂冠分别代表了扫烟囱小童和诗人这两个有天渊之别的行业，现在却忽然走在一处了。这纯属个人的善举里面有自嘲自娱，游戏人间，但仍不失其好。可惜到底有限。詹姆·怀特一旦作古，史密斯菲尔德当年义宴的欢乐和繁华也就烟消云散。

苦儿甜茶

拐卖儿童即使在今时今日依然是国际性的大企业，各种中外儿童失踪案也时有所闻，案情叫人汗毛倒竖。我自己碰到了粗心大意的父母，甘冒好管闲事的罪名，当面规劝一番，以保童命为己任，不亦君子乎？被拐带的儿童命运如何？比较幸运的为人收养，悲惨的则沦为奴婢童工，甚或雏妓。至于比这还不堪设想的也有，不提也罢。

查理士·兰姆在《扫烟囱童赞》中直指扫烟囱小童的来源：“这些年幼的牺牲品一早便加入这种行当，难免使人想到这背后掩盖的幼儿甚至是幼婴的拐带罪行，……有许多高贵的蕾卓尔（Rachel，圣经中饱受失子之痛的慈母）仍常为其失子而痛不欲生的悲惨情况，也有力地证实了这事实。”兰姆的这篇散文于1822年发表，而在18年后，即1840年，英国议会终于明令废止这种以幼童扫烟囱的不人道行当。不过我们不必高估兰姆文章的社会功效，因为他毕竟不是查尔斯·狄更斯。狄更斯是大小说家，有魄力，行笔雄浑矫健，揭发英国当年社会的腐败黑暗不遗余力，的确发挥了改革社会的力量。而查理士·兰姆的文笔婉约风流，不过借扫烟囱小童这题材来诗情画意一番，说这些黎明即起的小家伙，有如不等日出就已凌霄升空的云雀。兰姆说自己对这些同种的亚非利加人（因为通身乌黑）有一种说不出的缱绻柔情。

兰姆怎样去表示他的柔情和同情呢？无非是劝看官们在早上偶遇这些小先生之际，大发慈悲，略加施舍。还有呢，就是请君慷慨解囊，请他痛痛快快地喝一大碗菜市路边茶摊子摆卖的萨露普茶："这样，对您家的灶房烟突只会大有好处，由于您平日慷慨过度的饮宴……所造成的煤炱堵塞便会被扫除一空……""慷慨过度"里面隐藏了对富人的批判，但到底兰姆还是在肯定这个行业：好好地对待这些小童，他们便会把你的烟囱扫得更干净。换言之，兰姆对扫烟囱小童流露的同情始终止于小资产阶级（这名词过时了么？）的心态。

然则这萨露普茶又是什么？兰姆在文中说："市面上有一款杂料饮品，其主要成分据我所知是素称为黄樟（sassafras）的香木。此木用水熬成茶，再渗以牛乳白糖，便成精妙饮品，在某些人心目中，尤胜中国佳茗。"说明了这茶的成分，兰姆又说出它的功效："它出奇地适合年幼的扫烟囱人的口味——难道这是因为其中的油脂（黄樟木微含油量）多少能帮助冲淡或减弱烟物沉淀，而这些自不免会黏附到新手的上颚；又或者还因为大自然深悯这些活生生的牺牲品，平日接触苦木涩果过多，因而特创此黄樟嘉木，调成甘甜的清凉剂——但不拘原因为何，对扫烟囱的幼童而言，天下间再没有其他的香气或味道能带给他们更多的兴奋和刺激……”

萨露普茶除了用黄樟之外，还要加入萨利普粉（salep，一种兰科植物的根部）和其他香料调制而成。当年的扫烟囱小童工作劳苦、生活枯燥，这香甜的路边茶饮又传说能清血解毒，也就顺理成章地成为他们灰暗悲苦生命中唯一的一点愉悦。黄樟在西方民间的土方子里面，除了清血去热之外，还可治风湿、梅毒、伤寒等症。不过也只是传说。讽刺的是现代的医药研究发现黄樟能引致肝癌，对骨髓也有损害。

兰姆自己在大力称赞萨露普茶之际，却小心翼翼地声明自己不沾此物：“我自己却未敢以自己的唇吻稍沾那颇负时誉的饮料。我那谨小慎微的嗅觉不断地悄悄提醒我：虽然不该拒绝人家那份盛情，我那肠胃却怕难以消受。不过我也见过精于饮食的人士对此耽嗜不倦。”你看兰姆在《烧猪文论》中对烧猪毫无保留的赞美，便会分明察觉他在这里对扫烟囱小童的佳茗流露出势利的心态。

一周抹茶　十年鹅肝

厨房里的瓶瓶罐罐都堆在一处，森然林立，骤眼望去恍似曼哈顿的高楼大厦，只因为精神散涣，无心收拾。任他高高低低的自由组合排列，倒也构成一种韵致，问题是要立时三刻把一样东西找出来却又找不着了。像是上一回喉咙不舒服，想吃蜜炼川贝枇杷膏，寻查半天无影无踪，过后才无意发现那盛有琥珀色浓汁的圆瓶子躲在碗柜的茶叶罐子背后。旋开盖子一嗅，带有薄荷的甜香扑鼻而来，唔，还可以用。

还有那些家中各人一时兴致购置回来的调味品：吃刺身用的日本青芥辣，烤牛扒用的美国金黄香粉，拌沙律用的酒醋橄榄油，蘸豆腐用的王致和豆瓣酱。买的时候都各自散发自身的神彩色香味；如今事过境迁，却无情无绪地静候发落。我打量着这厨房里面的冷宫，凝视着这一批行将变作鸡肋的过气尤物，不禁暗自思量：这一样可以存放至哪一天？那一样又是否废了武功，甚或早已寿终正寝？一小瓶乳黄酱瓜，如果不慎沾了油，会静静地生出一层灰绿霉点，又说不定冰箱里的天涯海角正有一块久被遗忘的巴马尚甜火腿在偷偷地发出哈喇味。

美好食物的变异最是叫人神伤，只因为提醒了大家人世间并无天长地久这一回事。这完全叫人想起了《红楼梦》里面的王夫人，为了要替凤姐配调经养荣丸，四出找人参去，结果在贾母处得了手指头粗细的二两人参，命周瑞家的拿去令小厮送与医生家去。谁知一时周瑞家的又拿了进来，说：“这几包都各包好记上名字了，但这一包人参固然是上好的，如今就连三十换（即三十两银子）也不能得这样的了，但年代太陈了。这东西比别的不同，凭是怎样好的，只过一百年后，便自己就成了灰了。如今这个虽未成灰，然已成了朽糟烂木，也无性力的了。”

虽然只是一包人参却也一叶知秋，透露了这赫赫贾府已是末世。这包人参，是贾母的私伙，自然是好东西，可惜年代久远，早成废物，不能发挥调养的功能。这叫人联想到贾府中的上上下下，皆有“成了灰了”的倾向。正是“三春过后诸芳尽，各自需寻各自门”。

“人无千日好，花无百日红。”好的食物都有一种娇嫩的品质，不宜久放，转眼珍珠变鱼眼，无光无色，不堪入口。超市里再新鲜的苋菜也不能和自己后园中所采摘的相比。那苋菜叶子精神抖抖，用水冲洗之时把水花弹得四溅，用蒜头一炒之后香甜鲜嫩。即使是这样的苋菜，如果摘下来放在桌上两个时辰，也就变得了无生气。在秋天的果园采下苹果即吃，香脆有声，但见甜液渗出，仿佛之间那苹果的精魄还在。英国美食家伊利莎白·大卫宣称过了两天的鸡蛋便不宜用作煎蛋或奄列，只好用来做调味的浇头。顶级的刺身要讲求即杀即做即吃。那最味美质佳的一刻稍纵即逝，必须准确把握。英国的皇室有御用农场，每日提供牛奶面包时鲜。

即使是绿茶，也不宜久放。天梨茶开封之后得在一两个月之内饮用完毕，拖久了那茶色味道就渐渐地不对劲，消失了原有的光泽。日本的抹茶更不经用，一星期之后便神采尽失。喝茶本是为了叫人气定神闲，但这抹茶却有点神经质，皆因品质脆弱，看着那一小罐翠绿的粉末，只感到迫切的催促：快点喝，快点喝，迟了来不及了。你看，我就只有这么短暂的樱花似的光华。幸好还有最近大为流行的普洱，闲闲地可以存放一世纪，而且更为珍贵了。

久存不坏的食物当然也有，像腌制的咸鱼烟肉，不过也不是无限期地保持不变，而是各有顶峰的时间。例如说，意大利的腌火腿，腌制风干一年，吸收了日月精华，风华正茂，但一年之后便又渐走下坡，形容憔悴了。

法国有一种鹅肝，却一放可以十年，叫作瓶封全鹅肝（Fois Gras Entier en Bocal），是加斯科涅（Gascony）[①] 的特产。把一整块一磅半的鹅肝清理干净备用。把一只宽口玻璃瓶用肥皂和水清洗一番，再放入一大锅开水中煮五分钟，把细菌彻底消灭。五分钟后改用细火。把玻璃瓶取出，用阿尔玛涅克白兰地（Armagnac）把玻璃瓶里里外外抹一遍。把瓶盖作同样的清洁处理。

① 加斯科涅是法国西南部的一个地区。

把鹅肝用盐和鲜磨的黑胡椒调味，然后整只鹅肝塞入瓶内。最理想的是由鹅肝把瓶子填得满满的，不留一点空间。必要时用手把鹅肝压下，不必害怕把鹅肝弄碎裂掉。把封妥的鹅肝瓶子放入开水锅中用细火煮一小时三十分。部分鹅肝油会浮至瓶顶。把瓶子取出放在一旁冷却，然后存放在阴凉之处。

这煮鹅肝可以立即享用，但最理想应是把它存放一两年之久，这鹅肝在阴凉之处随着年月的消逝而起了微妙的变化，柔滑如同奶油，浓香如同果仁。但在这一两年间瓶子不得见光受热。如果能够好好地保存十年，不使瓶子鹅肝受到惊动，那鹅肝便能修成正果，成为香滑鲜美的人间至味极品。但一旦开瓶之后，便得在一星期之内将之吃掉。

吃时取出切片，放在烘多士之上，用海盐和胡椒略为调味。

吃喝大限

曾经有一段时期爱看动物纪录片，看热带飞鸟的鲜艳瑰丽、深海水母的神秘晶莹；然后慢慢地又不爱看了，主要是对大自然的弱肉强食起了很大的厌恶和反感。母狮追捕小鹿，母鹿逃去；母狮和众幼狮于是围着小鹿的尸体大咬大嚼。我憎恶母狮那若无其事的眼神。没错自家骨肉有得吃了，可以存活下去，但是吃的可是人家的骨肉。以人的道德立场去裁判毫无良知的动物世界虽然可笑，但真正叫人胆寒的是弱肉强食也同时在人类的世界进行，往往还披上了仁义道德的外衣，比动物世界那赤裸裸血淋淋的真相更为可耻了。

仁义道德的外衣

有一次在街坊小饭馆吃烧味饭，伙计问我可要不要来一碗例汤。我还没有来得及回应，和我同桌的一名市井之徒倒抢着先发话了：“汤？养肥了就要劏啦。”我这边厢自是当作没有听见，不置可否。本来是一句恶俗的玩笑，却竟也暗地里触动了我的心事。

我这样一年三百六十五日每日三餐地春夏秋冬日以继夜地忙着吃喝，损耗了多少猪牛羊、鸡鸭鹅的生命？我的所作所为，骨子里和我所憎恶的母狮又有什么分别？每次吃鱼吃肉，自己又何尝有什么反省质疑？自己惶惶不可终日地营营役役，谋取食粮，无非是为了维持生命，对抗死亡。即使是更进一步的讲求美食佳肴，也不外是借口舌之愉悦去暂且忘却生命本身的苍白素颜和站立在生命背后更为阴沉苍白的死神。然而我这一切的忧虑和努力到头来都是枉然。

丹麦王子在墓地里对着一具骷髅，不禁怀疑这家伙生前也许是位律师："开口闭口用那些条文、具结、罚款、证据、赔偿一类的名词吓人；现在他的脑壳里塞满了泥土，这就算是他所取得的最后赔偿了吗？除了两张契约大小的一方地面以外，谁能替他证明他究竟有多少地产？这一抔黄土，就是他所有的一切了吗，吓？"

土馒头的命运

那一声"吓"里面有无限的鄙夷和嘲讽。律师一生绞尽脑汁，得来的就是一抔黄土。《红楼梦》里面有个水月寺，因为庙里的馒头做得好，就起了个诨号叫馒头庵，而且这个馒头庵离铁槛寺不远。铁槛暗喻世俗权力，这个馒头却可是一个坟墓的象征。文中又偏偏说这馒头庵离铁槛寺不远，正是为了表明最大的世俗强权，也逃不了这土馒头的命运。这土馒头，正是丹麦王子口中的一抔黄土罢了。《红楼梦》中的这一段暗喻，其实是从范成大的一首七律演化而来：“家山随处可行楸，荷锸携壶似醉刘。纵有千年铁门限，终须一个土馒头。”

在一本15世纪的英国贵族家传食谱《高尚的烹饪书》（*A Noble Book of Cookery*，1467）里面，有一道海鲜馅饼，材料除了七鳃鳗、杏仁、糖粉等等之外，竟赫然有一样叫coffin的东西。Coffin如今一般解作棺材，但在15世纪的英国，这个字的意思就是馅饼的酥皮。这个含义一直到了18世纪，才渐渐淡出。馅饼的酥皮可圆可方、可长可短，仿仿佛佛之间也可以教人联想到生死大限的上头。

饮食本是为了对抗死亡，只是我们在这方面的努力注定要失败，此其一也。再者，在我们为了维持自己的生命而进食之际，又不得不摧毁其他的生命。这是吊诡，也是矛盾。因此因饮食而联想到死亡本是最自然不过的事。在古远的时代，人们便以蚕豆来供奉死神。古埃及的祭司更视蚕豆为不祥之物，黑亮的蚕豆里面藏有亡者的灵魂。在亡灵的节日里，人们会得一边敲打铜锅，一边口吐蚕豆，务求把亡魂和冤鬼赶走。

而且也就难怪丹麦女作家卡伦·布里克森在《芭贝的盛宴》里面，创了一道酥皮烤鹌鹑，菜的名称竟然就是石棺鹌鹑（cailles en sarcophage）。这“石棺”的灵感敢情是来自英国的馅饼酥皮coffin。

《红楼梦》第五回里面，贾宝玉随警幻仙子游太虚幻境，令其再历饮馔声色之幻，一方面请来十二个舞女演唱词曲，一方面奉上茶与酒。但见小嬛捧上茶来，宝玉自觉清香味异、纯美非常，因又问何名。警幻道："此茶出在放春山遣香洞，又以仙花灵叶上所带宿露而烹，此茶名曰千红一窟。"后来又有小嬛上来调桌安椅、设摆酒馔。真是琼浆满泛玻璃盏，玉液浓斟琥珀杯。更不用再说那肴馔之胜。宝玉因闻得此酒清香甘冽、异乎寻常，又不禁相问。警幻仙子道："此酒乃是百花之蕤、万木之汁，加以麟髓之醅、凤乳之曲酿成，因名为万艳同杯。"宝玉称赏不迭。

红颜白骨的墓穴

脂砚斋在"千红一窟"旁批"隐哭字"，在"万艳同杯"旁批"隐悲字"，所以那茶是"千红一哭"，那酒是"万艳同悲"。但其实《红楼梦索隐》（1916）解得还透彻，说"千红一窟"是"埋香之意，言万紫千红，同归一穴"，又说"万艳同杯"是"杯，抔也，亦美人黄土之意"。于是乎，千红一窟之茶，及万艳同杯之酒，都不外是象征了红颜白骨的墓穴罢了。

丰子恺在《护生画集》里也曾把罐头鱼比作棺内的尸身，并题诗曰："恶臭陈秽，何云美味，掩鼻伤心，为之堕泪。智者善思，能毋悲愧。"在同一画册里，他又画出了明净的风景，只见儿童站在柳树下嬉戏，有成人劝止女孩莫折柳枝。在吃与被吃之间，我们真的还有选择吗？

饮食与命运

都说性格决定命运。乐天的人整天笑脸迎人，讨人欢喜，办起事上来也就比较顺利，一路平步青云；悲观的人终日眉头紧锁，叫人看了如见瘟神，争相走避，自然处处碰壁，一无成就。但是决定性格的又是什么？饿兵打不了胜仗。有些学生成绩不如理想，并非疏懒，而是因为饮食失调，影响健康，精神不振，难以集中学业。喜欢煎炸辛辣之物的，性情偏向暴躁；多吃蔬果汤水的，品格大多中平和顺。这可不是我一厢情愿的生安白造，美国亚利桑那州立大学做过研究，发现饮食优良的大学生比较有品德，讨人喜欢，他们吃的是家做全麦面包、鸡肉、土豆、时鲜美果；至于吃汉堡包、炸薯条、甜圈饼和冰淇淋的学生则品德比较差劲。

看来似是饮食影响了性格，不过我们也可以反过来说品性良好的人自然会节制饮食、注重卫生，而罔顾道德的人在饮食上头也是同样地放纵，贪图口腹之欲的满足，而再进一步地坏了健康、损了品格。如此说来，倒是性格决定了饮食，而饮食和命运也就是互为因果的。

所谓人的性格，泰半是先天的，性别也是性格组成的一个因素。“男人口大食四方，女人口大食穷郎”，这似是过了时的看法在今天依然隐隐地发挥了它的影响力。时尚美女，哪一个不是为了保持苗条的身段，而甘心处于长期的饥饿状态之中。这句老土的话自然是男性想出来的，目的是要叫女性刻苦耐劳、多做少吃，替为夫的省了一笔长期饭钱；今天的女性情愿不吃，倒不是为了省钱，而是为了使自己更为吸引，正是“女为悦己者容”。过了一个世纪转了一个大弯，结果还是男性为中心的思想在作怪，一般社会人士自然认为吃得少是优雅的女性品德，男性则无此限制。有人在1993年做了一项实验调查：叫同一名女性吃了四顿饭，分别拍成录影带，供人观看，观者看见她在吃小小的一份沙律，便觉得她有女性的美态；同一个女人在吃巨型汉堡包，立即形象大受损害，倒扣一百分，沦落为男人婆。

正如以美国南北战争为背景的长篇小说《飘》里面的嬷嬷所言：“女人吃东西要像鸟儿一样吃得少少的，才像个小姐的样子……拼命乱吃的年轻小姐大半找不着丈夫。”这就证明了性格、饮食和命运的三角关系，不可不慎重留神。嬷嬷的话是牵涉到饮食和身份的问题。

像《红楼梦》里面的人物，各人的饮食习惯所透露的是身份。像在第四十一回里面，贾母来到了妙玉的栊翠庵，妙玉亲自捧了一个海棠花式雕漆填金云龙献寿的小茶盘，里面放一个成窑五彩小盖钟。贾母道：“我不吃六安茶。”妙玉笑道：“知道，这是老君眉。”简短的对话，却显出了史太君的尊贵气派。宝钗的饮食有宝钗的法度，自有一种慎重，深藏不露，贾母问她爱吃什么，她深知贾母是年老之人，便说了一些烂甜之物去迎合贾母的口味，贾母果然十分喜欢。又一次宝钗和探春商议了要吃个油盐炒枸杞芽儿，便打发个姐儿给厨娘柳家的五百钱。柳家的笑道："二位姑娘就是大肚子弥勒佛，也吃不了五百钱的去。"这是宝钗要顾全自己的名声，绝不愿意被下人在背后评议。

黛玉吃一点螃蟹肉也怕心口生痛，而湘云则喜欢在冰天雪地大啖烤鹿肉，单是这饮食上的对比，便活现了两个迥然各异的性格品质，绝对不会混淆。又如宝玉，一介怡红公子，爱吃酸的，书中一再写他爱吃酸笋汤、酸梅汤，夏日里打发芳官向厨娘要一样"凉凉酸酸的东西，只别搁上香油弄腻了"。把宝玉的口味描画得独特而又统一，此中有人，呼之欲出，真正是在饮食上头一一看出了品性、身份。是什么样的人便吃什么样的东西。

因此，硬要改变一个人的饮食无异是品性和身份上的侵犯和侵蚀，不可等闲视之。好莱坞三四十年代的女明星琼·克劳馥（Joan Crawford）的养女写了一本自传，叫《Mommie Dearest（亲爱的妈咪）》（1978），说出了童年受琼·克劳馥虐待。有一次养女拒绝吃牛扒，琼·克劳馥便将牛扒送入冰箱，每次晚饭便取出，养女如不把牛扒吃掉，绝无其他食物供应。母女相持不下达一星期之久，把一块牛扒早折腾得成了干柴皮。这一场母女牛扒之战乃是意志的斗争：我的饮食，是我人格不可分割的一部分，绝不容他人侵犯，阿妈都系咁话[①]。我们小时候都曾有过被阿妈强迫进食的经验吧？是否记得当年誓死反抗的惨烈战情？

罗曼·波兰斯基（Roman Polanski）执导的《怪房客》（*The Tenant*, 1976）改编自法籍作家Roland Topor的小说《Le Locataire（承租者）》（1965），故事描述波兰单身青年租住了古旧楼房的一个单位，这单位的前任房客是一名跳楼身亡的女子；波兰青年饱受房东和其他住客的迫害，一步步地将他改变成前房客茜蒙，结果他也像茜蒙一样跳楼。电影中最有趣的一个细节是波兰青年的饮食习惯在不知不觉之中变得和茜蒙一样，青年前往住处附近的餐室，侍应和他聊天："从前茜蒙每天早上都来这里。我也不待她开口，便把她的朱古力和烘多士奉上，她不喝咖啡，因为怕失眠。"

青年要了咖啡，侍应却给了他朱古力，他没有在意，照样喝掉了。他要高卢蓝香烟，侍应说缺货，只有万宝路，正是茜蒙爱抽的牌子，青年拒绝了，到后来高卢蓝香烟又缺货，侍应说替他到处找找看，他说不必了，万宝路也罢了。这是天大的错误决定。茜蒙的影子就此乘虚而入，一步一步侵蚀了青年，直至他自己完全变成了茜蒙，并且接受了和茜蒙一样的命运。

---

① 阿妈都系咁话，粤语，意思是"妈妈也都这么说"。

饮食与占卜

大年初三和老伴前往唐人街茶楼喝茶，结账是三十三元零三分，老伴笑说是好兆头呢。饮茶毕，前往茶楼附近的超级市场购物，老伴替我去找溏心皮蛋和香滑腐乳，我就在出口处守着推车等候，谁知忽然之间砰的一声有硬物撞向玻璃窗上，接着堕入推车。我以为是顽童在超级市场捣乱玩耍；定睛一看，却是一只昏死过去的糊涂麻雀。不过我完全没有介意，只是觉得好笑：刚才是说好兆头呢，一下子又来了这个。可见一切的事情发生纯属客观世界的物理现象，所谓巧合、好坏等征兆，不外是因为意志薄弱的人无从处理和面对自己的真实处境，而把注意力转移到一些无关痛痒的琐碎事物上头，从中寻求自欺欺人的解决办法而已。

存在交汇点

占卜之所以无聊，可以分哲学和心理的两个层次。

所有的占卜都指向未来，而“未来”却并不存在。时间如同流水般永不休止；“现在”不停地流逝成为过去，而“未来”又不停地流到面前成为“现在”；换言之，我们永远只是存活在“过去”和“未来”的交汇点之上，而这一交汇点就是“现在”。有人或者会提出异议：今天是星期一，明天是星期二。星期二就是“未来”，星期二的确会来临，所以“未来”是存在的。但是星期二这个“未来”只是相对于星期一而言；在星期三我们方可谈论星期二这已成事实的“未来”，而这时候星期二已经成为过去了。占卜之所以无聊，是因为它指向虚无缥缈的将来。

从心理学来看，占卜只是一种注意力的转移，也就是一种逃避。把自己的精神力量从现实转移至一副扑克啤牌或一条签语这类毫不相干的事物上头，实在是愚不可及。现代城市人的心灵就有这样的空虚，意志就有这么的薄弱。大多数的人都不能相信自己的努力和判断力，哪里有一个半个先知或智者出现了，半真半假，都一窝蜂地拥至，聆听真音纶言，却不知道真音纶言早就有在于“现实”之中。我喜欢“现实”一词，因为它包括了“现在”和“真实”，而这两样东西是两位一体、不可分割的；只有现在的，才是真实的。

自己珍玩多年的水晶玻璃杯子，终于在今天早上从厨房的饭桌边缘跌往地上，裂成碎片。这是无可挽回的事实了，但是这可是命中注定的呢？现在回想起来，我每次把泡好的普洱茶倒入这水晶杯子里欣赏茶的好颜色，总觉得隐隐地有点欠妥，而事后随手把杯子放在桌子的边缘，杯子更向我发出无声的呼喊：“小心一点，把我安置妥当。不如立即清洗了把我收入碗橱。”甚至有一天早上，水晶杯子仿仿佛佛地呈现了一种颤巍巍的倾斜姿态，可是我没有经心在意。如果真有占卜这回事的话，我们只消留心现在，便自然能够看见未来。如果我早有注意这一切，杯子便不会打碎了。

喝茶的联想

与其担心年老之时会否沦为乞丐，还不如趁年轻力壮的时期好好努力工作积蓄。占卦算命的价钱也并不便宜，不如省下的好。与其担心伴侣在十年之后是否还是和自己恩爱如恒，不如在今天便好好地爱她。今天里所孕育的正是明天开花结果的种子。

有一种利用饮食来作占卜的玩意叫Tasseography（茶叶占卜）。有时候一班朋友一起喝茶，互相检视茶杯。谁的茶杯里有一片竖立着的茶叶，便笑说：“有人在念着你等着你呢。”其实有什么人在等自己，只要略为留神，自会知道，又何必借助那一片滑稽的茶叶？又有人说，茶杯上浮现泡泡，那是金银珠宝快要滚滚而来了；茶碟子上一滴分明滚圆的水珠，那是眼泪，悲伤不幸的事情快要发生了。如此看来，占卜也不外是一种诗意的、非逻辑性的联想，但若要借此来预知未来、解决人生问题，则未免天真可笑。

吃饭与预感

英国作家格雷厄姆·格林（Graham Greene）的小说《爱情的尽头》（*The End Of the Affair*, 1951）里面，作家恋上了主妇莎拉，相约出外看电影吃饭。电影中的一双恋人在饭馆吃饭，男的叫了洋葱牛扒，而女的却有点迟疑不决。男的因此生气了，在那一下迟疑里面，男的侦察出了爱情的冷淡和贞忠的欠缺。因为女人的丈夫不喜欢洋葱的味道。男的因此就预知女人还是会重投丈夫的怀抱，不然的话她也不会这样保留余地不吃爱人的洋葱了。热恋中的人往往在最幸福的时刻能预知爱情的终结，因为越是爱得热烈，越是能够注意对方的一举一动，一切看得分明，感受深切，也就能够在对洋葱的迟疑这最微不足道的小节上预感到爱情的终结。

有人终于和老伴分手了。问何以故，答曰："早在三年前我就心中有数了。她一向细心照顾我的饮食。但是三年前的一个晚上，我在吃饭之际问她：'鸡汤里面可有鸡肝？'她只回道：'那你脱了裤子去打捞打捞便自有分晓。'打从那一刻开始，我知道她和我已经恩断情尽。"

调羹变形记

狮子口渴的时候走至河边，低头伸舌巴答巴答地舔水，然后缓缓地移动腿子离开，自有一派王者风范。原始人自会得站立的那一刻便顶天立地，双手从此得到释放，去干比步行还要神妙奇幻的事情，例如说，在人焦渴之际，这双手便会联合形成一掬，去舀河中的清水，并将之运送口中。这样一来，人便能够在河边不低头而饮，把自己和狮、牛等动物之间的界线划清。

安身立命长柄匙

慢慢地人从这双手形成的半圆球得到灵感，做成了调羹。调羹又叫羹匙，广东人叫匙羹。英文的spoon原义是小木碎片，大约可以借此说明最原始的调羹是怎样演变而来的。后来慢慢地又出现了金匙银匙，那就除了实用之外，又增添了身份象征的含义。西谚说含着银匙出生，那是指生于富贵之家，自一下地便衣食无忧了。

调羹的基本结构是一个椭圆形的匙斗配一根条状的匙柄。匙斗可大可小、可深可浅，要看是汤匙还是茶匙，甚或是更巧致的芥辣匙或桌盐匙。匙柄可长可短，要看是与谁共进晚餐。西谚有云，和魔鬼同台吃饭，可得用长柄匙。我想那是因为这样的长柄匙既可以向魔鬼礼貌地劝食，又可以与魔鬼保持距离，以保自身之安全。时世艰难，并无隐士立足之地。为了谋生，不得不和各路英雄打交道共饮宴，因此总有地方用得着有形或无形的长柄匙，而且还得随机应变，调整匙柄的长度、匙斗的深浅。因此要及早练就一套调羹变形术，方可安身立命，行走江湖。

非洲肥骡卡积高

宋代的陈造著有《江湖长翁诗钞》，里面有这样的诗句："东送筯头薤，鲜分匙面鱼。"筯头薤，自然是狭长如同筷子的薤菜，而至于匙面鱼，便是一种圆头窄身形似调羹的小鱼。这调羹摇身一变，在水中游动起来了。卡伦·布里克森在《走出非洲》（*Out of Africa,* 1937）里面有一小段笔记，叫"卡积高"："我曾经有过一只肥胖的骑骡，我给她起了个名字叫摩莉。但赶骡的给了她另一个名字，他叫她卡积高，意思就是调羹。我问他为什么，他回道，'因为她看来就像只调羹'。我因此绕着骡子走了一转，但是左看右看，一点也不像调羹。后来我有机会坐在四轮拉车上，驾驶着卡积高和其他三只骡子。我坐在驾驶的高位上面，因此能够鸟瞰骡子。这样一来我才明白赶骡的话是正确的。卡积高肩部异常狭窄，臀部却宽阔丰满，看来就活像一只覆转的调羹。如果我和赶骡的各自画一幅卡积高肖像，结果会大不相同。但天主和天使看见的卡积高和赶骡的所见如一。来自天界的那一位超越一切，而他会为他所看到的作见证。”在这里，调羹竟又化成天使眼中的一只骡子了。

食色性也调羹事

《小信差》（*The Go-Between*, 1953）这部小说里面的男孩李奥到有钱同学的家中度假，认识了同学美丽的姊姊玛利安。玛利安出身上流社会，早已和川明咸子爵有了婚约，但却偷偷地和家中庄园上的农夫泰狄恋爱，并且利用李奥的天真无知，叫他暗中替两人传递幽会的讯息。李奥虽然是十二岁小孩，却也渐通人事，有一次替玛利安传讯给泰狄，便问他什么是调羹调情（spooning）。泰狄老大不愿意告诉他，但是他一直苦苦相逼。（不要忘记这本小说的时代背景是1900年的英国，一般人对性的态度十分保守和压抑。）泰狄无奈便说：“那就是用手揽着女孩，吻着她。就是这样而已。”但是李奥却心有不甘，意犹不足，一再追问：“但是还有呢？要是你不告诉我，我以后便不再当信差了。”泰狄被逼得火了，对着李奥吼叫，把他撵了出去。

一般字典都把spooning解作傻里傻气地谈情说爱，

泰狄对李奥点到即止，一方面也是因为自己其身不正，不便多言，走漏消息的话便非同小可。当然spooning有更进一步的含义，李奥的直觉是正确的。Spooning更可以演进为一种调情的姿态：男女向着同一方向依偎着，就像一只男性的大调羹托着一只女性的较小的调羹那样。后来玛利安的母亲起了疑心，拖着李奥直捣农庄，撞破了玛利安和泰狄的幽会。李奥一下子目击了调羹调情的真相，大受震惊，对爱情美好的梦想即时破灭，竟从此逃避情色，心灵干枯。

相思豆与玫瑰酒

《断背山》（*Brokeback Mountain*, 2005）原著里面有一段描述杰克在削洋山芋预备晚餐，而恩尼斯则在一旁脱衣，打算用绿色浴巾抹身。恩尼斯一边和杰克聊天一边脱下皮靴与牛仔裤，杰克注意到恩尼斯没有穿衬裤，也没有穿袜子。从一开始便是杰克采取主动。这一次也是恩尼斯浑然不觉，倒是杰克留了个神。

这一段食色相关的情节经由李安调度搬上银幕之后，便又更为含蓄。恩尼斯在焦点不清的背景里抹身，前景里的杰克似是在专心一意地削洋山芋，始终没有望恩尼斯一眼。这样反而给观众留下了想象的余地——谁也不知道杰克是什么心思。只是晚餐的那一道炸洋山芋两人都吃得十分称意，再加上了威士忌，所以恩尼斯有点飘飘然的，仿佛可以采到月亮光了。

相思罐头豆

食物从来就是情色的最佳转移，而《断背山》里面的罐头豆子也起了相同的功用。杰克和恩尼斯在山上牧羊的一段日子里，常吃罐头豆。两人分手的四年之后，恩尼斯常在梦中看见他，杰克还是他们初相见的那副模样，一头卷发，微笑着，有点獠牙。梦中还有平放在圆木条上的罐头豆，调羹的柄子突出在罐头的外面。这柄子形状卡通而又色彩斑斓，替梦境平添一重滑稽的猥亵意味。这调羹的柄子可以用来撬轮胎。

在恩尼斯的回忆中，这罐头豆中的调羹柄子可以重唤起肉身的愉悦，处处起了暗示和提示，但在杰克逝去之后，这调羹又加添了一重哀伤，只因为杰克被人用撬轮胎的长铁条打至重伤身亡。

改编为电影之后，罐头豆的潜力便更进一步地被加以发挥。山中生活清简，一切因利就便，因此顺理成章地以罐头豆为主粮，电影中有个特写镜头拍出罐头豆放在火上煮得翻滚烫热，许是不合乎饮食卫生，倒也自有一番吃的欢乐，尤其是罐头成双成对，明艳的标贴纸上印有 Better Most 的字样，用来暗喻杰克和恩尼斯两人的关系也无不可。然而杰克比较好新鲜不安分，罐头豆很快便吃厌了，对恩尼斯说不肯再吃了。恩尼斯听了不说什么，却暗中对每周负责运送伙食的巴斯克人说自己吃厌了罐头豆，要他改送罐头汤。当日恩尼斯遇熊受伤晚归，杰克对他发脾气："你去哪里来了？在山上整天牧羊，回来饿得要命，却什么也没得吃，只有这豆……"恩尼斯照样也不辩白。爱得这样深沉，自有动人之处。后来到底恩尼斯猎得一只牡鹿，两人在夜里吃烤鹿肉吃得津津有味，背后一片片红艳艳的肉脯挂了起来。在电影剧本中，恩尼斯和杰克多年之后在山中约会，恩尼斯故意带来罐头豆，“要照从前的样子再煮一次”，杰克不禁莞尔。这一小段从电影中删除了，可能是太着迹了吧。

风流玫瑰酒

山中牧羊的日子实在闷得慌，单靠爱情不足以驱闷，还得借助威士忌。两人在夜里经常坐在火旁，把一瓶威士忌传来传去，轮流饮用，一边高声唱着“在水上行走的耶稣”。牧场工头骂他们是“不中用的农场酒鬼”，不过这当然不很公道。两人的好事又曾给工头撞见。后来杰克再找他谋牧羊的工作，便招来他的讥笑。原文是：“You guys wasn't getting paid to leave the dogs babysit the sheep while you stemmed the rose.”台湾的宋瑛堂将之译成“你们两个领人家薪水，不是随便放狗去看羊，自己跑去摘玫瑰就行了”，这就译不出神髓来。

“Stemmed the rose”一语难倒了许多老师傅，一般的俚语大字典都翻查不到。有人去问《断背山》的作者安妮·普鲁克斯（Annie Proulx），她亦不正面回答解释，因此有人甚至怀疑此语是作者自己杜撰。反正“stemmed the rose”引来层出不穷的注解：同性恋性行为、手淫、酗酒、游手好闲，等等。迈克建议译成“唱后庭花”，本是神来之笔，不过他自己认为太露骨，改译为“干好事”。我看译成“你们自己倒去风流快活”也可以。

断背桃源

风流快活当然包括了饮酒作乐。杰克建议和恩尼斯一同前往德州，恩尼斯认为不切实际，说：“好呀。……说不定你的岳父会向你大洒金钱，而威士忌在溪水中流着……”杰克去世之后，他的妻子也说：“他希望把自己的骨灰放在断背山。我想断背山或许是杰克长大的地方。但我了解杰克，那可能只是一个虚想出来的地方，在那里有蓝鸟歌唱，有威士忌清泉。”

有心水清的观众留意两人在黑夜山中共饮的威士忌瓶子上贴着印有“老玫瑰”（Old Rose）字样的标贴，遥遥地呼应了牧场工头的嘲讽语。而其实相思罐头豆也好，老玫瑰威士忌也罢，甚至于那座断背山，都不过是人在凄冷寂寞中幻想出来的安慰而已。

干啃的爱情

中国人开口谈饮和食德，可见“饮”“食”通常是两位一体、同步进行。即使像颜渊这样安贫乐道的高士，生活要求调至最简洁的地步，也还得“一箪食，一瓢饮”的饮食相连。吃一碗淡饭就得配一杯清茶，朴素之中带有对称，正是清贫不忘文化，豁达之余有所执着，而且毕竟还是为了要符合卫生之道。例如说，独自一个人喝酒，多少还得吃花生米或烧腩肉，倒不完全是想着添增情趣，而是因为这点食物能够起了保护胃壁的作用。洋人喝酒之时品尝干奶酪，作用相同。至于庶民的家常便饭，总得两菜一汤，才算完全。有菜没汤，总觉彷徨。就算是上街坊小馆吃碟扬州炒饭，总不成就这样普洱服送。会得经营的老板通常奉送每日例汤，一碗花旗参鸡脚汤喝得人客心身舒畅，汤饭调和，不思他往。小饭馆这样开着慢慢地也就发财了呢。

食物作象征

因此看法国导演埃里克·侯麦（Eric Rohmer）电影里的饮食场面总是教人怔忡不安，因为只食不饮，没的[1]叫人替剧中的角色难受。像《夏洛蒂和她的牛扒》（*Charlotte et son Steak*, 1951）里面的夏洛蒂煎的那块牛扒，是我一生所看见过的牛扒之中最丑陋和不幸的一块，墨黑似炭，干硬如柴，不知所云地在煎锅中煎那么几秒也就上碟，用刀叉割切，若无其事地吃进肚子里去；莫说是红酒了，连清水也没有喝过一口。

剧情说的是夏洛蒂不值[2]男朋友华陶玩弄手段，故意惩罚他，不做咖啡给他喝，改煎牛扒自己吃。夏洛蒂她是借一块牛扒来逃避华陶的追求。因此这块牛扒在电影中是个象征。但话虽如此，一块牛扒还得有一块牛扒的样子。一样东西为了要负担起象征的任务，还得首先成立了自己的身份。而且夏洛蒂怎么可以面不改容地把一块似炭如柴的牛扒干啃下肚？我一边看一边担心她何时会打嗝失仪，也就影响了观剧的乐趣。

侯麦的另一部电影《饼店女孩》（*La Boulangère de Monceau*, 1963）也利用食物作为象征来传达电影作者的创作意图。《饼店女孩》是侯麦系列电影《六个道德故事》

---

① 没的，意思是“不由地”。

② 不值，意思是“看不过”。

（*Six Moral Tales*）中的第一个。照侯麦的解释，故事所以称作道德，是因为焦点不在表面的情节发展，而在人物的心理活动。人物心理活动在小说中还可以借文字的描述来表达，在电影中就只可以靠道具来转移和象征一番了。

为爱不忠论

片中的法律系大学生每天课后在莫素公园附近的学生中心吃饭，饭后在公路散步，借故结识在街头遇见的画廊职员施维亚，两人并且相约改天一道吃饭。谁知第二天施维亚就不再在街头出现，失去了芳踪。大学生于是决定利用晚饭的三十分钟时间在施维亚出没的街道游走，希望能够再见伊人。耐人寻味的是大学生刚刚失掉了心上人，却依然兴致甚高地游逛街上的菜市场。菜市场到处是新鲜的光色变幻，还有食物这无可抗拒的因素。而且正当是樱桃上市的季节，是一尝新味的时候了。

寻找心上人不忘吃樱桃，不过是另一例证，说明了绝对的忠诚并不存在。在悲伤的失恋状态之中，人的胃口依然不减。人不能单靠爱情而活，多多少少得找点消遣，打发沉闷的等待时刻。

大学生游游荡荡，来到街角的一处小饼店。店中的售饼女孩长得亮眼丰唇，略具风姿。大学生每天都在晚饭时间前往购买曲奇，渐渐地两个人眉来眼去，都有点意思。只是这一点意思在大学生心中和饼店女孩心中大不相同。

大学生的意思是纯粹消遣，而且他极端自我中心：我很快就知道饼店女孩看上了我；说我虚荣也罢，我一向知道自己颇有吸引力。这饼店女孩并不合我的口味，而且我还是一心一意地向着施维亚。正因为我对施维亚念念不忘，我才对饼店女孩来者不拒。正因为我爱着另一女子，才会对饼店女孩表示亲热。

这是什么心态？一脚踏两船？且再听听大学生的心声：我一旦肯定了饼店女孩对我有意，便想试试她对我有多顺从。有时候我会故意一口气买下十件糕饼，在第二天又改为只买一件。我这样戏弄她，为的是不要让她自以为已经很了解我。

缺水爱情观

大学生也知道是和饼店女孩在玩捉迷藏的游戏，但自我交代说这游戏不会玩得过火，因为纯是消磨时间，而且也是对施维亚的失踪做出报复。因此大学生搭上饼店女孩，纯是利用，绝无诚意。这样的心态主要就表现在他每天购买食用的圆大曲奇饼上头。

大学生有时候一买就是十件糕饼，除了曲奇之外，还有其他鲜果甜饼，捧在手中在路上边走边吃，一吃就是十五分钟。按道理，十五分钟吃掉十件饼，速度也算惊人，大约是借此表现大学生的心境彷徨、情绪焦虑。但最教人不安的是十件饼点纯是干啃，情况和夏洛蒂吃牛扒一般无异。难得的是片中的大学生竟然也照样地啃得神态自若，末了还顺手把包饼点的纸张往路边一抛，算是功德圆满，暂时解决了问题。

大导演侯麦先生自己长相清癯，气味沉静，电影风格亦法度严谨，他整个人似是中世纪的修道院苦修士，未知他的日常生活饮食习惯是否朴素克己如同他的电影？但是他这样调度剧中人物干啃牛扒曲奇来表达他的爱情观，未免一厢情愿，近乎虐待。我看见夏洛蒂那般努力地吃扒逃情，忍不住想把一杯红酒送至两度空间的画面里去；大学生在路边如此大咬十件糕饼之际，我亦恨不能送他一瓶他本家出产的矿泉水。因为这样才能合乎饮食卫生之道，亦不至于削弱了电影的主题。

卷饼与曲奇

——偷情妙论

偷情北方人叫偷人，广东人则谑称偷食，很有把偷情的对象物化之嫌，纯粹视为满足情欲胃口的甜品或野味。因此一旦得逞之后，便把对方抛诸脑后，忘得一干二净，说不定又留心别的新鲜活儿去了。话虽如此，偷食还得抹嘴，而抹嘴有两个层次，一是为了欺骗别人，一是为了瞒蔽自己。欺骗别人是方便偷食的勾当得以继续，瞒蔽自己是因为要向自己的良心交代，逃过责备；做了不道德的营生照样可以编出一番大道理，事后还可以高枕无忧。这才是抹嘴的最高境界。

骗别人　先要骗自己

也有警觉性较高的，像《红玫瑰与白玫瑰》里面的振保，迷上了娇蕊，暗自胡思乱想："为什么不呢？她有许多情夫，多一个少一个，她也不在乎。王士洪虽不能说是不在乎，也并不受到更大的委曲。”振保突然提醒他自己，他正在这里挖空心思想出各种的理由，证明他为什么应当同这女人睡觉。他觉得羞惭，决定以后设法躲着她。然而到底还是一头栽进去了。

偷食的最大理由当然是因为东西好吃。俄国文豪托尔斯泰的长篇小说《安娜·卡列尼娜》里面有个偷情圣手奥布朗斯基，一天和单身的正人君子列文吃饭聊天，谈到婚外情这回事上头去了。列文打了个比喻：“……我不明白，怎么会现在吃了饭，马上又到面包店去偷卷饼。”奥布朗斯基眼睛发亮地解释：“为什么？卷饼有时候那么香甜，使人情不自禁呢。”这样地坦率直认也算不得是什么德行，不过是偷食有功，脸皮够厚罢了。

而且真正能够安抚良心的不是理由（理由往往只有使良心更加不安），而是借口。法国导演侯麦拍了六部一系列的电影，总其名曰《六个道德故事》，就是反覆探讨男性一脚踏两船的心理，并且揭露了男性自欺欺人的虚假道德面具。最后的一部《午后之爱》（*Love in the Afternoon*, 1972）里面的男主角借着旁白透露心声：“吾爱吾妻，亦知天下其他女子之美，然而我可以通过爱自己的妻子而去爱天下的女子。”真可谓妙想天开的奇论，然而亦止于理论而已。他在巴黎市区上班，触目美女如云，千姿百态，他亦一一幻想和她们搭讪。然后一天，他的婚前旧相识出现，芳名Chloé。Chloé长得风姿迷人，方脸角腮，颇有虎狼气势。她出尽法宝去引逗男主角，最后肉诱，然而在最紧急关头，男主角夺门而去，重归爱妻怀抱。但这是道德战胜情欲，还是虚伪的中产阶级意识抬了头，男主角始终活在自欺欺人的道德幻觉之中？因为他虽然没有技术性地不忠，但在心中却早已偷情多次了。照《圣经》的讲法，谁在心中对女子起了邪念，即等于和她通奸。

妻吾妻 以及人之妻

这一次男主角逃过了 Chloé 的迷惑，到底是醒觉，还是更深的沉迷？因为他大可以继续实践他那套“通过爱妻而爱天下女子”的奇论，名为忠心，实为不忠之尤。有趣的是导演侯麦拍过一部以爱伦·坡（Edgar Allan Poe）的《贝蕾妮丝》（*Berenice*, 1835）改编而成的电影。故事描述表兄妹相恋，其后表妹得一怪病，奄奄一息，但表妹的一副牙齿却留在表兄的脑海中挥之不去。最后表兄在昏迷状态中把表妹的牙齿悉数拔掉，藏在盒中。有论者认为贝蕾妮丝是第一名女吸血僵尸。《六个道德故事》中的情人，是否都是女妖的化身？起码 Chloé 有点女妖的意味。当然这并不是替男性的不忠洗脱罪名、推卸责任。侯麦的电影极富文学性，他的《六个道德故事》都是他自己先写成小说后改编成电影的。片中的男男女女皆喜欢谈论分析，但他们那套柏拉图式的辩证却更为曲折地替他们隐瞒真相，看不清自己的自私真面目。

《六个道德故事》的第一个，叫《饼店女孩》，片长只有二十三分钟。故事描述法律系大学生在街头结识了一名在画廊工作的女子施维亚。他俩在街头作了简短的交谈，但可以看得出施维亚对大学生有点意思。大学生刚以为得米，施维亚却不再在街上出现。大学生只有在施维亚通常出没的街道散步，希望会再碰见她。他在散步期间发现街角的一家饼店，便在饼店买曲奇作晚餐，并且有意搭上了年方十八的饼店女孩，最后还约她出外看戏吃饭，她竟然答应了。但却在当天，施维亚重新出现街头，原来她扭伤了脚在家休息了三个星期养伤。大学生一见施维亚，立即把饼店女孩抛诸九霄云外，和施维亚双双拍拖去了。

大道理 包装不道德

大学生搭上了饼店女孩纯是为了消遣，因为自己在等候心上人出现，实在空虚彷徨，而饼店的圆大甜曲奇也是填补心灵空虚的方法。他有时候甚至一口气买十件糕点，在街上边走边吃，一吃就是十五分钟。这圆大的曲奇可以说是爱情的代替和转移，暂时顶替。饼店女孩的作用相同。

有趣的是在原来的小说中，是饼店女孩先采取主动，大学生觉得这也是打发时间的好方法，并且可以借此向施维亚的失踪表示报复。他也并非完全不知道这种心态不当，但却因此反而更加讨厌饼店女孩。他尤其讨厌的，不是她喜欢了自己，而是她竟会以为自己会喜欢她。因此他必须为了她的高攀而教训她。换言之，大学生用他那套弯弯曲曲的论调替自己不道德的行为洗脱得干干净净。他分明利用饼店女孩来填充自己空白的时间，倒还反过来怪她不是。

最后他眼也不眨地将她抛弃，还这样向自己交代："我的决定是道义上的决定。既然我重新得到施维亚，再和饼店女孩拖下去不但不道德，而且没有道理。"

他的所谓道德正是他最不道德之处。大学生瞒骗自己到底。饼店女孩对他的意义不过是一块曲奇。

饮食调情

《红玫瑰与白玫瑰》里面的红玫瑰王娇蕊长得身量微丰，偏于胖的一方面。这和后来细高身量的孟烟鹂正好成一对比。王娇蕊刚出场的时候正在洗头，“她那肥皂塑就的白头发底下的脸是金棕色的，皮肉紧致，绷得油光水滑，把眼睛像伶人似的吊了起来。一件条纹布浴衣，不曾系带，松松合在身上，从那淡墨条子上可以约略猜出身体的轮廓，一条一条，一寸寸都是活的”。

这样鲜活的一个女人，果然喜欢吃，很自然地叫人联想到她在和饮食相关的上头也有同等程度的喜好。虽然如此，娇蕊吃的时候还是有所节制。例如说，家中晚饭吃带点南洋风味的咖喱羊肉，“王太太自己面前却只有薄薄的一片烘面包，一片火腿，还把肥的部分切下了分给她丈夫”。

我们经常看见娇蕊吃东西，酥油饼干、糖核桃、花生酱面包。原来饮食正是最现成的调情题目，振保正奇怪为何娇蕊吃得那么少，她的丈夫士洪解释道:“她怕胖。”娇蕊笑道:“新近减少了五磅，瘦多了。”士洪伸手拧她的面颊道："瘦多了？这是什么？"娇蕊回道："这是我去年吃的羊肉。"夫妻调情倒也有趣。

暗示

振保分租了士洪夫妇公寓里的一间屋子，刚巧士洪要到新加坡去做生意。娇蕊这就一早摆下了阵，待振保下班回来便招呼他在客厅吃茶。娇蕊回身走到客厅里去，在桌子边坐下，执着茶壶倒茶。桌上齐齐整整放着两份杯盘。碟子里盛着酥油饼干与烘面包。娇蕊又另外吩咐阿妈泡两杯清茶来。这两杯清茶有文章。"阿妈送了绿茶进来，茶叶满满的浮在水面上，振保双手捧着玻璃杯，只是喝不进嘴去。"这是上佳的心理描写，借一杯浮满叶子的茶暗示振保的疑心重重、顾忌多多，一下子还没有胆子闯情关。

两人闲谈间说到娇蕊当年在英国玩得名声不太好，这才手忙脚乱地抓了个士洪。振保问："你还没有玩够？"娇蕊道："并不是够不够的问题，一个人学会了一样本事，总舍不得放着不用。"娇蕊的本事是调情。诚如小说里说的，她是一个太好的爱匠。

娇蕊一出手便在饮食上头使了高招。她对振保说："哦，对了，你喜欢吃清茶。在外国这些年，老是想吃没的吃，昨儿个你说的。"振保笑道："你的记性真好。"娇蕊微微飘了他一眼道："不，你不知道，平常我的记性最坏。"振保心里砰的一跳，不由得有点恍恍惚惚的。

这叫人想到《金锁记》里面的七巧招呼季泽吃蜜层糕，替他拣掉了糕上面的玫瑰和青梅，道：“我记得你是不爱吃红绿丝的。”不是早有人说过：肠胃是通达男人心灵的最佳途径。不经意地投其所好，才能产生特殊效果。

软化

娇蕊又借着一罐子花生酱来和振保调情，说着活色生香的俏皮话：“我是个粗人，喜欢吃粗东西。”振保提醒她吃花生酱最容易发胖。娇蕊便开了盖子道：“我顶喜欢犯法。你不赞成犯法么？”然后又道：“这样罢，你给我面包上塌一点。你不会给我太多的。”再后又抿着嘴一笑道：“你知道我为什么支使你？要是我自己，也许一下子意志坚强起来，塌得极薄极薄。可是你，我知道你不好意思给我塌得太少的！”一罐花生酱给娇蕊舞动得千姿百态、峰回路转。娇蕊果然是借饮食调情的圣手。振保禁不起她这样的稚气的妩媚，渐渐软化了。

征服

振保突然发现自己正在挖空心思想出各种理由，证明他为什么应当同这女人睡觉。他觉得羞愧，决定以后远着她，以后便在外面吃了晚饭才回去。有一次他在午后回来拿大衣，却发现娇蕊坐在沙发上静静地点着支香烟在吸。"振保吃了一惊，连忙退出门去，闪身在一边，忍不住又朝里看了一眼。原来娇蕊并不在抽烟，沙发的扶手上放着只烟灰盘子，她擦亮了火柴，点上一段吸残的烟，看着它烧，缓缓烧到她手指上，烫着了手，她抛掉了，把手送到嘴跟前吹一吹，仿佛很满意似的。"

原来娇蕊在索性点起他吸剩的烟。弗洛伊德的性心理分析很可以在这支烟上头做一点现成的文章。这又是一次吃的调情，因为是无心的，更加动人了。振保心想："真是个孩子，被惯坏了，一向要什么有什么，因此，遇见了一个略具抵抗力的，便觉得他是值得思念的。""婴孩的头脑与成熟妇人的美是最具诱惑性的联合。这一下子振保完全被征服了。"

娇蕊一向有发胖的危险，但是因为恋爱，多少在吃的方面有所节制。但后来情场失意，为振保所抛弃，和士洪离婚再嫁，渐渐地发胖而又憔悴。想来是因为感情方面没有着落，只得心无旁骛地大吃糖核桃和酥油饼干了。

和娇蕊大异其趣的是白玫瑰孟烟鹂。"她是细高身量，一直线下去，仅在有无间的一点波折是在那幼小的乳的尖端，和那突出的胯骨上。"书中没有明言她不爱吃，却单刀直入地说："烟鹂因为不喜欢运动，连'最好的户内运动'也不喜欢。"因此振保对烟鹂有许多不可告人的不满的地方。尤有甚者，烟鹂患了便秘症。有一次振保无意望见了浴室里的烟鹂："她提着裤子，弯着腰，正要站起身，头发从脸上直披下来，已经换了白地小花的睡衣，短衫搂得高高地，一半压在颔下，睡裤臃肿地堆在脚面上，中间露出长长一截白蚕似的身躯。若是在美国，也许可以作很好的草纸广告，可是振保匆匆一瞥，只觉得在家常中有一种污秽……”

恋爱的愉悦在于饮食的调情，婚姻的烦恼却表现在浴室的不洁。

厨房怨妇

中学时代在清一色男生的和尚学校就读，大学预科修中国文学，要念古诗十九首，黎佬在班中念至“荡子行不归，空床难独守”的句子，全班哗然。黎佬含糊其词地解释这是忠臣思念君主的比喻。我们哪里听得进去，这分明是最大胆的怨妇心声，单刀直入，一语中的。倒是后来的怨妇文学渐渐变得拘谨起来，顾左右而言他，实行声东击西地打哑谜，这当然是为了掩人耳目，逃避一众伪君子的谴责，但同时也提供了捉迷藏的乐趣，将最原始的欲念升华至艺术境界。

生活　平庸沉闷

像法国小说大师居斯塔夫·福楼拜（Gustave Flaubert）的《包法利夫人》（*Madame Bovary*, 1856）写的其实也不外是一个怨妇的故事。爱玛农民出身，但是丽质天生，而且家中有两个钱，送她进修道院受过良好教育，懂得天文地理，又会刺绣跳舞，谁知竟因此生出许多事故。因为爱玛偷偷地读了一大堆垃圾爱情小说，满脑子一塌糊涂的浪漫思想，充满了不切实际的爱情幸福憧憬，变得非常的不安分。像她这样的一个农村小家碧玉，嫁了乡村医生查理·包法利，本来可过朴素适意的日子。但她一厢情愿的浪漫幻想使她处处觉得自己丈夫的平庸。日子一久，甚至认为查理俗不可耐。她终日叹息，事事不满，终于两度红杏出墙，而且因为过度挥霍，负债累累，结果走投无路，服毒自杀收场。

爱玛的问题是思想上的混乱：她以为平庸沉闷的生活是一种例外，是因为自己倒霉才会碰上的；而一旦能够逃避这种平庸和沉闷，便能走进浩渺无边、幸福热情的广大世界。而事实适得其反。三十岁开外的人都已经知道，真正的智慧在于欣然接受这看似沉闷平庸的生活，并从中体味真谛。至于那伸手可以触及星辰的狂喜或许会偶一闪现，却不能强求，更不可以刻意追寻，否则便会招致幻灭和灾祸。书中这样说爱玛："由于欲望强烈，她混淆了物质享受和精神愉悦，错把高雅的举止当作感情细致的表现。"换言之，爱玛把幻象当作真实。她追求的是一己情绪的满足，而不是客观风景的欣赏。

书中又说："于是肉体的需要，银钱的欠缺和热情的悒郁，揉成一团痛苦；——她不但不设法摆脱，反而越陷越深，到处寻找机会加深她的痛苦。一盘菜做坏了，或者一扇门没有关严，她就有气；想起自己没有丝绒衣衫，幸福插翅飞过，想望太高，居室太窄，她就难过。"

爱玛·包法利夫人那"想望太高，居室太窄"的困境最具体的表现是厨房。在乡村小镇里，厨房是个油烟肮脏的所在，做主妇的身不由己在这方寸之间忙家中大小的一日三餐，把大好年华葬送，苦无脱身之计。这厨房正足以代表爱玛心目中的平庸沉闷的日常生活。

浪漫 惨淡经营

爱玛还是闺女的时候，查理前来替她父亲医脚；两人首次相会便是在厨房；爱玛迎接了查理，让到厨房里坐："厨房生着旺火，伙计的早饭，盛入高低不齐的小闷罐，在四周沸滚。灶头烘着几件湿衣服。铲子、钳子、吹筒，都大的不得了，明晃晃的，好像钢一样发亮，沿墙摆了许多厨房器皿，大小不等，映着通红的灶火和玻璃窗那边射进来的曙光。"这厨房缺乏爱玛所追求的诗情画意，但具有爱玛不屑一顾的家常风情。

后来爱玛又在厨房招待查理喝酒。厨房桌上放着用过的玻璃杯，苍蝇往上爬着，淹入杯底残留的苹果酒内，嘤嘤有声。就在这样的一个地方，爱玛陪着查理喝酒："于是她从碗橱中找出一瓶橘皮酒，取下两只小玻璃杯，一杯斟得满满的，一杯等于没有斟，碰过了杯，端到嘴边喝。…… 她笑自己什么也没有喝到，同时舌尖穿过细白牙齿，一点一滴，舔着杯底。"

从一开始爱玛便试图在现实平庸的环境中经营一点浪漫气氛；像她这样一个俏丽尤物，白齿红唇，却处身于飞满苍蝇的厨房，少不免产生了陋室明珠的委屈。她希望借着婚姻逃避这厨房困境，结果发现自己处身于另外一个厨房里面。人生的过程不外是从一个困境转至另一困境。最大的智慧是不再躲避；勇于面前才是最大的解脱和自由。然而爱玛并没有这样的省悟。

也不能全怪爱玛，在起初她也曾试过努力，惨淡经营一番："星期六，有邻人来用饭，她设法烧一盘精致的菜，还会拿青梅在葡萄叶上摆成金字塔。蜜饯罐倒放在盘子上端出来，她甚至说起为用果点买只玻璃盏。凡此种种，影响所及，提高了人们对包法利的敬重。"爱玛有时候也翻新花样，"给蜡烛剪些纸托皿，给自己的袍子换一道压边，或者给简单的菜肴取一个动听的名字"。可惜查理不解风情，缺乏鉴赏力，菜给女仆烧坏了他还是照吃如仪，欢欢喜喜地扫个精光。爱玛看见了不禁有气。他年纪一大，举止也粗俗不文，"用果点的时候，他切空瓶的塞子，吃过东西，他拿舌头舔牙；喝起汤来，他咽一口，咕噜一声；而且他开始发福，眼睛本来就小，脸蛋胖虚虚的，像拿眼睛朝太阳穴挤"。

难耐　独守空床

《包法利夫人》写成于19世纪中期，虽然是写实小说中的代表作，但于床第间的私事还是有所避忌，不得明言。作者福楼拜在此大书特书查理进食时的恶形恶状，实另有所指。爱玛的婚姻生活，也有其难言之隐。

查理在乡间行医，有时在半夜回家。他要吃东西，女仆睡了，只有爱玛伺候他，“心满意足，吃完洋葱烧牛肉，剥去干酪外皮，啃掉一只苹果，喝光他的水晶瓶，然后上床，身子一挺，打起鼾来了”。饱吃贪睡的丈夫，正是怨妇诞生的根由。但最叫她受不了的是用饭的时间，楼下的小房间内有壁炉冒烟，门吱嘎响，墙上渗水，石板地潮湿。“她觉得人生的辛酸统统盛在她的盘子里，闻到肉味，她从灵魂深处泛起一阵恶心。”这恶心的真正因由，也不必说明了吧。福楼拜不过是借厨房和进食来暗喻了爱玛的怨妇生涯。厨房的背后，原来是一张空床。

厨房重地

桑弧[1]编导的《哀乐中年》（1949）还是多年前在香港看过一次，不知道如今有没有上了DVD。故事描述人到中年的鳏夫陈绍常，本在小学任校长，奈何长子当了名流，认为父亲挤公共汽车回校上班有碍体面，便逼着他退休。陈绍常退休之后还是偷偷回校和年轻女教员刘敏华见面，并且有了感情，终于不顾家人反对，和她结合。在儿子为父亲准备的墓地上，陈绍常和刘敏华开办了一所小学，而刘敏华腹中亦已孕育着新生命。

我手边并没有《哀乐中年》的剧本，但记得电影中有这样的一段：陈绍常退休后寄居儿子家中，闷得发慌，只得找家中的厨子聊天，没话找话说，不知不觉问起了鱼肉蔬菜的价钱，把厨子惹恼了，误会陈绍常侵犯了他的地盘。这一段戏给我深刻印象；编导以幽默的笔触描绘了人到中年，无事可做的悲哀。

《哀乐中年》的剧本出土刊印出来，张爱玲拒收稿

① 桑弧（1916—2004），原名李培林，中国导演、编剧。

费，声明这剧本她“占的成分极少”。话虽如此，我却有点疑心这一小段戏却是出自她的手笔，因为有浓厚的“张味”。而且这一小段戏，还可以和她的散文《公寓生活记趣》里的一段文字对看：“当然，家里有厨子而主人不时地下厨房，是会引起厨子最强烈的反感的。这些地方我们得寸步留心，不能太不识眉眼高低。”

厨子的皇冠

职业无分贵贱，小教员把课室的门关上了也是皇帝；闲杂人等无缘无故地闯进来简直是自讨没趣。各人守在各人的地盘里面，自有一份荣耀和尊严。德国导演茂瑙（F. W. Murnau）的表现主义杰作《Der Letzte Mann（最卑贱的人）》（1924）里面的酒店守门，每天穿了制服上班，威风凛凛，神气十足。但后来因为年老力衰，被贬到酒店的厕所里去给客人递毛巾和梳子，而他从此失魂落魄，恍似丢了宝座和领土的国王。茂瑙的本领就在于把一个平民的小故事提升至悲剧境界，其震撼力不下于莎士比亚的《李尔王》（*King Lear*, 1606）。茂瑙的智慧是他看出了守门的失去制服，和国王失去冠冕等同；而守门的尊严，在本质上和国王的尊严并无二致。

厨子的白帽也就是他的皇冠；他挥动刀铲，进行食物的炼金变幻，一如交响乐的指挥运用棒子引领出五音十二律。

法国小说《追忆似水年华》里面的厨子弗朗索瓦丝

就是一位艺术家："她专为我那识货的父亲而做的巧克力冰淇淋端了上来，那是她别出心裁、精心制作的个人作品，就像一首短小轻盈的应景诗，其中凝聚着作者的全部才智。谁要是拒绝品尝，说什么'我吃完了，不想吃了'，谁就立刻沦入大老粗之列，正等于艺术家送他一幅作品，明明价值在于作者的意图和作者的签名，他却只是看重作品的重量和作品所用的材料。甚至在盘子里留下一滴残汁，也是不礼貌的表示，其程度相当于没听完一首曲子，就当着作曲家的面站起来走开一样严重。"

众生平等，厨子和艺术家都应该受到同样的尊重。

众生平等

我们都知道希区柯克的名片《三十九级台阶》（*The Thirty-Nine Steps*, 1935）改编自约翰·巴肯（John Buchan）的同名小说。巴肯另外还写了多部小说，其中一部叫《强权会所》（*The Power-House*, 1916），内容描述查理士·毕海朗的神秘失踪，原来他被牵涉在一宗国际权力的大阴谋里面。安德鲁·林利是位富甲一方的艺术品收藏家，同时他又具有野心要征服全世界，策划了"强权会所"这一组织，目的是颠覆现有一切的政权，以满足他那虚无、无政府主义的终极权力欲。查理士失踪之后，他的好友爱德华·礼顿便负责去调查侦察，因此一再身陷险境，遭奸人追踪迫害，有一次走避至法国领事馆的厨房里面去了：

“我穿过了小小的院子，走过通道，闯进厨房里面，正看见一脸错愕的白衣大厨双手提起火炉上的长柄锅子。他满脸通红，露出愤怒的神色。我想他快要把长柄锅掷向我的头。我骚扰了他那精致的操作，冒犯了他那艺术家的尊严。”

有趣的是约翰·巴肯和《追忆似水年华》的作者普鲁斯特都不约而同地将厨子比作艺术家。

爱德华·礼顿连忙用法语向厨子道歉：“我为形势所逼，闯入重地。我认识你的东家领事。请做做好事，助我去见领事。”

厨子回道：“在此时此刻冲入我的厨房，是史无前例的冒犯。我这一锅精心炮制的炖菜，恐怕已经给你破坏得无可挽回了。”

敬重厨子

爱德华·礼顿差点没有向那受了冒犯的艺术家下跪求饶，只道：“我破坏了如此罕有的艺术，实在难过。我曾有机会在领事的餐桌上领教过你的本领。但如今我后有危险，前有重任。有时为了需要，我们不得不暂时将更为雅致的感受丢在一旁不顾。”

厨子脸上的怒色退去，向爱德华·礼顿鞠躬，而爱德华也还礼不迭，知道已经安全了。

约翰·巴肯故意用夸张的笔法来描述这一段故事，当然带有一点讽刺，近乎游戏笔墨。但这里面的讯息还是很清楚的：众生平等，尊严如一。敬重厨子，对自己有莫大的好处。

情欲餐刀

“人为财死，鸟为食亡。”这句老话之所以仍然惊心动魄，是因为话中包含了强烈的讽刺和警戒。金钱和食物，是维持生命不可或缺的条件，但在苦心追求这两样东西的当儿，或者会过度忘形，又或者不择手段，而招致反效果，求生得死。万事讲求节制。像男女情欲，本来可以繁衍生命，但如果放纵无度，却又会惹来杀身之祸，正是色字头上一把刀。好端端的餐刀，在进食之际切面包割牛扒，其乐也融融，然而一个不小心，出了岔子，刀子方向略转，位置稍移，很奇怪地，变得杀机重重了。

长刀的暗喻

刀子是最现成具体的男性气概象征，连丹麦童话大王安徒生也信手将之牵入他的长篇故事《白雪皇后》（*The Snow Queen*, 1844）里面。男孩加伊遭白雪皇后掳走，他的女朋友格尔达于是四出寻访，希望把他找回来。格尔达在半途遇到了一名小小的女强盗。小女强盗一见格尔达便叫道："我要她跟我一道玩耍，和我在床上一道睡觉。"小女强盗身体强壮、肩膀宽阔，她把小小的格尔达拦腰抱住，并且抽出一把长刀子放在身边，双双入睡去了。安徒生在这里分明描绘了小女孩前青春期的同性爱，那位小女强盗本来就长得像个男孩，他那把长刀的暗喻至为明显。"我总是和我的刀子一同睡觉的。"小女强盗宣称，并且恐吓格尔达："如果我生了你的气，我会亲自动手。"言谈之间充满了不自觉的挑逗。

这刀子一旦离开童话世界，现身于成人的电影天地之中，则更加显露其双重本色，一方面是盈盈的生命力，一方面是隐隐的摧毁性。在希区柯克的《房客》（*The Lodger*, 1926）里面，那房客的身份至为神秘。他独自一人租住在伦敦的一所十三号楼房之内，深居简出。在同时，雾都正出现了专杀金发女郎的连环凶手。这房客会否就是他？一天早上房东的女儿黛斯捧着早餐来到房客的房中，并且替他斟茶。房客抬头看她，镜头却意外地转向餐桌，只见房客手提餐刀，伸向黛斯。这是充满悬疑和惊险的一刻，却原来房客只是用刀尖轻轻把黛斯衣上的一点灰尘拂去。接着便是一个黛斯的特写镜头：只见她一头金发，含情脉脉地凝视前方。这一组镜头含意丰富而又充满晦涩性。房客提刀拂去黛斯衣上的灰尘，表面上似是温柔爱护，但也可以视为突然而来的情欲冲动，更可以视之为压抑了的杀机。黛斯的金发本来就是连环凶手的理想对象。房客挥刀向之，黛斯欣然接受，分明心中有意。就是浑然不觉这爱意的背后是否又藏了重重血影。

当心刀子伤了人

在希区柯克的第一部有声片《敲诈》（*Blackmail*, 1929）里面，天真的少女爱丽斯应画家男友之邀，来到他的画室，相谈甚欢。谁知画家半路色心顿起，企图向爱丽斯施暴。爱丽斯苦苦挣扎，伸手拿到小桌上的一把餐刀。正是你有那话儿，我有这把刀。以其人之道还诸其人之身。爱丽斯就这样一刀结束了色魔画家，心神恍惚地离开凶案现场。翌日早上在家用早餐，餐桌上照例有面包和餐刀。有邻居倚门大谈昨天的凶杀案，口中不时提到"刀"字。希区柯克首次拍有声片便活用了音响效果。这个"刀"字令爱丽斯听在耳中心惊胆颤，不停地放大回旋。爱丽斯父亲叫她把餐刀传过来，这时一声"刀"字震天价响，爱丽斯大惊失色，手中的刀弹向半空。父亲提醒她："当心刀子伤了人。"本来是最家常的早餐，忽然之间闪现了刀光血影。

又像谋杀又像自杀

在《炸弹风云》（*Sabotage*, 1936）里面，希区柯克又再次巧妙地利用了餐刀的双面性来发展剧情，添增戏味。餐刀可以象征男性生命力，但女子也可以用餐刀来对付侵袭自己的男性。可以说是女子持刀的那一刻，忽然之间也就充满了阳刚的杀伤力，可以和眼前的男性一较长短。有趣的是在片中有一场水族馆的戏，馆中有一对年轻男女在谈及一种贝壳动物，男的说雌性的贝壳动物在大量繁殖之后，便会化为雄性了。女的夷然道："我可不怪它。"片中的恐怖分子维洛利用他妻子的弟弟去运送炸弹，结果弟弟因时误而被炸丧生。维洛的妻子得知真相之后伤心欲绝。维洛苦苦解释相劝，说一切都是为了谋生，实不得已。维洛妻子哪里听得入耳。到后来维洛暗示虽然小弟丧生，但他们可以生育小孩。此语方出，维洛妻子立时露出厌恶的神色，远离维洛。盖此时她对维洛已憎恨之极，而他竟敢提及两人再度亲密的可能性。大有可能是这句话引起了她的杀机。

晚饭时候维洛妻子如常用刀叉侍候丈夫进食，却忽然省悟这刀子除了进食之外可以另有用途。在同时间维洛也察觉了妻子的动机。他起立走向妻子，妻子便一刀向他腹部刺去。这场戏拍得耐人寻味的地方是又像谋杀又像自杀。刀子刺入维洛之时，发出一声呼叫的是维洛的妻子。特吕弗说希区柯克把做爱拍得似谋杀，把谋杀拍得似做爱。这一场餐刀杀夫，竟也似迷离错乱的做爱，是恩情已尽的最后一个告别姿态。

戏梦人生菜市场

昨夜梦回永乐戏院，正在上映海蒂·拉玛（Hedy Lamarr）主演的《霸王妖姬》（*Samson and Delilah,* 1949）。因为迟到买不着票子，急得在戏院的大堂团团转，无限惆怅地望门兴叹：再也走不进去了，再也走不进去了。电影里的爱情、烦恼与繁华，都和自己无关了。我在十一二岁开始泡电影院。永乐戏院的公余场更成为我的电影启蒙老师，约翰·福特（John Ford）的西部片，威廉·韦勒（William Wyler）的言情片，都在那里初次相识。戏院的外面就是菜市场。电影放映完毕，立时惊觉银幕原来空无一物，再依依不舍还得起座离场。从幽暗的戏院走出来，眼前忽现明亮耀眼的街市，叫人一阵昏眩，触目所见仿佛比刚才银幕上的光与影还要浮幻，但却又分明是真实的人间烟火，到处是声音、颜色和气味：腊亮的紫色茄子和丝质的金色洋葱互相掩映，和谐悦目；矮脚小白菜柔软翠绿；菠菜有紫红色的菜根。生菜、芹菜、椰菜、韭菜、芫荽、冬瓜组成一片丰富而魔幻的绿。

菜市回忆

菜市场有卖花的小摊子。那里有姜花、剑兰、玉簪，更有不蔓不枝亭亭而立的荷花。青绿凉快的花梗顶上是粉红肥大的花蕾，像凝结的火焰。街角有个穿金耳环的老太婆蹲着，卖玉兰。玉兰花洁白清香，排列在碧绿的大芭蕉叶上。偶然一只蝴蝶飞闪而过，在这吵闹繁忙的地带。这美丽脆弱的显现，迅速而不为人知，给我很大的喜悦。在婚后的最初两年，我常常和老婆在周末逛街市。买菜之后不忘送她三五朵白玉兰。她随意用针别在耳边。

移民纽约之后，知道这里的Union Square（联合广场）有一周两次的市集，照样的蔬菜碧绿、鲜花明艳。跑去那里走一转，人便渐渐地愉快起来了，果然也是一个最佳的精神疗养所在。就可惜没有戏院在附近，也就没有了那种艺术与生命的微妙对比，是为美中不足。

幸好世界上还有一个地方叫科文特花园市场（Covent Garden Market），就在伦敦的中心。科文特花园于1632年开始兴建，西边是圣保罗教堂，东边是皇家剧院，中间是广场，在1670年开始成为蔬果鲜花市场，一直繁华热闹了三百年。

科文特花园市场出现在狄更斯的名著《块肉余生记》里面，思果在翻译这本小说的时候将之译作“修院园市场”，是因为covent是convent（修道院）的古字，而且科文特花园的那片土地原属西敏寺。科文特花园最有趣的地方是一边是豪华高贵的大剧院，一边就是泥泞水渍处处的菜市场。音乐剧《窈窕淑女》（*My Fair Lady*, 1964）一开场就描述了这强烈的对比，珠光宝气的绅士淑女刚观剧之后，施施然潇洒离场，碰上倾盘大雨，一时间纷纷躲避在圣保罗教堂的大圆柱后的走廊上，和菜贩、花农混杂一处。

市集人生

《块肉余生记》里面的大卫毕业之后前往伦敦工作，乘机去科文特花园的剧院看莎剧《凯撒大帝》（*Julius Caesar*, 1623）："全剧的逼真和玄妙混在一起，剧中有诗、有灯光、有音乐、有成班演员，灿烂华美的布景轻易而惊人地换了又换，看得我眼花缭乱，也给我平添无限乐趣。到了夜晚十二点钟，我出了戏院，走上下雨的大街上，觉得好像从云雾里走出来一样，云雾里我过了好久不同寻常的生活，现在踏进吵闹不宁、水花四溅、火把辉煌、雨伞互碰、出租马车乱冲、木套鞋滴滴答答、泥泞苦恼的世界。"

这里的戏剧和真实人生的对比，总是叫我想起小时候：看完荡气回肠的言情片离开黑漆漆的电影院，人一下子未能平服，但在菜市场走一转便好了，可以若无其事地站在街边买一碗车仔面吃，照样很知肉味。

科文特花园市场果然也是一个饮食和爱情得以兼顾

的地方。十岁的大卫在伦敦当童工之时，有钱便买咖啡和黄油面包作茶点，没钱的时候便溜到科文特花园市场那里，“贪婪地望一阵菠萝”，借此望梅止渴。后来大卫迷恋朵若，大清早六点便上科文特花园市场买一束鲜花，花束里有天竺葵。

19世纪著名的版画家古斯塔夫·多雷（Gustave Doré）在1872年替《伦敦朝圣》（*London: A Pilgrimage*）一书作了许多配图。书中就有一段描述科文特花园市场的情景：夏日清晨四五点是科文特花园市场最可观的时刻。到处是四轮马车和两轮推车，街头的小贩都是贫苦人家，还有更贫苦的咖啡小摊子主人。运货工人顶着惊人沉重的货物，四处走动，篮子堆得像一座塔。木车上的甘蓝像山一般叠在一处。北面是鲜果的芬芳，南面是陈了的蔬菜，散发着恶气。广场挤满人群，有菜农、小贩、贫穷妇孺。爱尔兰妇女、漂亮肤色的撒克逊女孩、壮健的苏格兰女郎，衣衫褴褛、系帽不正地在剥青豆、搬货箱。音乐剧《窈窕淑女》描写的是20世纪初的科文特花园，和《伦敦朝圣》描述的还是很接近。

杀人水果商

在希区柯克电影《狂凶记》里出现的科文特花园市场，已是末世。希区柯克的父亲曾经在科文特花园开了个小店，希区柯克的童年在这里度过，一定留下了深刻的印象。希区柯克在好莱坞拍了大半辈子的电影之后，晚年回归家乡，以这充满人间情味的地方作为变态凶杀案的背景。片中的凶手是个水果商，在杀人之前表明心迹："我们这行业有句老话，我就写在果箱子上面：是你的货才可以用手去挤。"叫人听得惊心动魄，却依然隐隐透出家乡的风土人情。再变态的凶手也还是带有一点人的气味。片中的酒吧有男女员工调情，老板看不顺眼，说："这里是科文特花园，不是爱情花园。"而其实还在19世纪中期，科文特花园已经妓院林立，因而有"爱神广场"之称。

科文特花园市场在1974年正式结束。希区柯克总算能及时把童年里最真实的记忆拍进他的电影里面去，把两个世界混合为一。如今科文特花园摇身一变，成为旅游区，并且保留了若干蔬果商店，且有更多的咖啡茶座和街头音乐表演，依然是一方之胜景，夏日里阳光处处，人来人往，各寻所需。

精神疗养菜市场

法国导演雷内·克雷芒（René Clément）的电影《怒海沉尸》（*Plein Soleil*, 1959）里面有如下的一段：汤姆在海上谋杀了菲立之后，弃舟登岸，前往那不勒斯找菲立的女朋友玛琪，并在事前冒菲立之名写了一封给玛琪的信。玛琪看了，不知就里，将信将疑，便约同汤姆前往那不勒斯的旧区。玛琪在路边的咖啡座写便条回覆菲立，汤姆便独自在旧区的鱼市场散步看野眼[①]。

残酷的日常性

接着便是长约两分钟的戏。克雷芒一支开麦拉钢笔[②]以散文笔触描画汤姆在鱼市场所看见的风情画；明亮的敲琴配乐叮叮咚咚，颇能呼应那洒满一地的灿烂阳

① 看野眼，意思是“随便看看”。

② 开麦拉钢笔，指将camare（摄影机）当作书写的笔。

光，仿佛很愉快自在呢。菜市场本来就充满人间情味和家常韵致，触目所见不外是寻常百姓，正在为下一顿的晚饭筹算该买什么鲜鱼蔬菜。然而如今却在当中夹了个杀人凶手，若无其事地微笑观看踱步。是否凶手也有人性的一面？又抑或是凶手这样悠然地逛鱼市场，更显得他的冷血叫人心惊？且不必多想。

但见汤姆轻松地漫步，东瞧瞧、西望望，镜头也似是即兴的交插跳接；细看之下才发觉这两分钟的漫游鱼市设计得异常精密。那些鱼摊上的鱼都经过刻意的排列和布置；鱼头甚至用细线扎起拉向鱼尾，使之竖起，更有神采。汤姆行至一处，有女鱼贩请他试吃蛏子，右手还拿着一片用作调味的柠檬。路人颇为投入地看着他吃；鱼摊上处处插着柠檬，既是装饰，也是借此吸引路人试吃，推广生意。汤姆边走边吃，又来至另一鱼摊，摊子上排着小巧的银色剑鱼，闪耀漂亮的尖剑是否隐隐地透露了一点暴力讯息？鱼摊上的人脸缸鱼更是神态悲戚，而街角的天平又是否预告了汤姆最后难逃法律的制裁？路边单独一个鱼头构成了奇异的风景，叫人不安，总是在有意无意之间提醒人们：这看似充满家常情味的鱼市场藏有残酷的暗流。

后来投河自尽的英国作家弗吉尼亚·伍尔芙（Virginia Woolf）曾在日记中描述，有一天自己在菜市场看见那些家庭主妇在一本正经、全神贯注地买菜，和小贩讨价还价，心中不禁讨厌。为什么？可能是因为买菜这样的日常小事，犯不着神色隆重地去办理。大不了不过是一顿饭，出了岔子还可以寄望下一顿。现时有些电视烹饪节目也成了膨胀自我的工具。只是弄一两道小菜罢了，却一副超级巨星出场的气派，又拍手掌又打鼓，真正是小题大做，没的叫人感到滑稽。不管你是家庭主妇或是世界名厨，总得有两分自嘲的幽默。如果把自己看得太严重，徒然惹人反感。

疯狂的文学性

但弗吉尼亚·伍尔芙因为看见主妇认真买菜而引起的心理活动，可能有更为阴沉的因由。弗吉尼亚·伍尔芙自己是出名的作家，家中有女仆、厨子上街买菜，因此对此等家常琐事带有潜意识的轻视。她因患了精神病而住在英国的里士满郊区，一天姊姊前来探望，她命女仆预备姜和中国茶。女仆不悦，说家中没有姜了，要便得乘火车前往伦敦购买。她把火车来回的时间一算，还来得及，便叫女仆照她的意思去买姜，并且说了一句："没有比上伦敦更叫人兴奋的事了。"这当然是嘲讽。

也不完全是。她在郊区住得闷慌了，又一意孤行独自出走，要重返伦敦；她的丈夫追赶至火车站，叫她好歹先回家，因为女仆把晚饭弄好了，她有义务回去吃这顿饭。弗吉尼亚·伍尔芙斩钉截铁地回道："天下间没有这样的义务。"可见她压根儿不能体会经营一日三餐的艰辛，彻底瞧不起上菜市和下厨房的劳动。她是作家，她不管这套。

写作也可以是净化灵魂的一个程序。静坐下来把如麻的心事整理出头绪，抽丝剥茧，化成白纸黑字。过一段日子拿出来看看，或者会恍然大悟：原来问题出在这里。然而弗吉尼亚·伍尔芙天性敏感、品质脆弱、思虑过度，写作到头来并没有把她的精神病治好。

血的治疗

有一位法国诗人患了精神病，在疗养院中住了一段日子，终于回家。有一天，他从家中的窗口往外望，看见一名女子在面包店里兴致盎然地选购面包，竟不可言喻地羡慕。诗人自己说他的精神康复正始于那一个时刻。日常生活又再发挥了吸引力，人可以继续活下去了。

精神受到了困扰，找不着出路？看叔本华（Arthur Schopenhauer）也不管用，听莫扎特也还是烦躁。那时节切莫生气不要哭；试试往外面散步，看看附近有没有菜市场。

满地的阳光，泥浆溅在脚跟上也是愉快的。翠绿的菠菜、亮丽的洋葱、细致的芫荽、小巧的毛菜、清秀的葱条、呆趣的南瓜、肥胖的莲藕，都展示了无限的生之愉悦。鱼摊子上的鲜鱼眼光闪动；有的开了肚，但见胀鼓鼓的一个鱼泡子，映着彩虹的颜色；还有那颗不停卜卜跳动的鲜红鱼心。说不定路边还躺着一个瞪眼鱼头，就像汤姆在那不勒斯旧区鱼市场看见的那样。

菜市场不是也有残暴血腥的一面吗？张爱玲在散文集《流言》中说看见了牛肉庄的两口猪，“齐齐整整，尚未开剥，嘴尖有些血渍，肚腹掀开一线，露出大红里子。不知道为什么，看了绝无丝毫不愉快的感觉”。

她的结论是：“那里是空气清新的精神疗养院。凡事想得太多了是不行的。”

就是这样。

图书在版编目（CIP）数据

饮食调情 / 杜杜著. — 北京：中国国际广播出版社，2019.1
ISBN 978-7-5078-3978-4

Ⅰ.①饮… Ⅱ.①杜… Ⅲ.①饮食－文化－文集 Ⅳ.①TS971.2-53

中国版本图书馆CIP数据核字（2018）第214022号

著作权合同登记号　图字：01-2017-1497

原著作名：饮食调情
原出版社：中华书局（香港）有限公司
作　　者：杜杜
本书由中华书局（香港）有限公司正式授权，经CA-LINK International LLC代理

饮食调情

著　　者	杜　杜
责任编辑	宋晓舒　李　卉
版式设计	国广设计室
责任校对	徐秀英
出版发行	中国国际广播出版社［010-83139469　010-83139489（传真）］
社　　址	北京市西城区天宁寺前街2号北院A座一层
	邮编：100055
网　　址	www.chirp.com.cn
经　　销	新华书店
印　　刷	环球东方（北京）印务有限公司
开　　本	880×1230　1/32
字　　数	200千字
印　　张	9.5
版　　次	2019 年 1 月　北京第一版
印　　次	2019 年 1 月　第一次印刷
定　　价	48.00元

CRI 中国国际广播出版社　欢迎关注本社新浪官方微博　官方网站 www.chirp.cn